經營顧問叢書 ⑳

面試主考官工作實務

王宗銘　編著

憲業企管顧問有限公司　發行

《面試主考官工作實務》

序　言

　　成功企業都取決於你僱用合格員工的能力，因為人才是企業最有價值的資產。人事聘用主管說：「我們能為競爭對手做的最好的事，就是招聘不合格的人員。

　　企業的競爭，就是人力資本的競爭，能否聘用到合適的員工，使得企業擁有富於競爭力的人力資本，就是一個企業興衰的關鍵，而居於其中的人才面試過程與方法，更是一個重要關鍵。

　　在競爭社會裏，企業都非常重視人才的招募、培訓和發展，世界 500 強企業尤為如此。著名的微軟公司比爾‧蓋茨曾經說過：「如果讓微軟最優秀的二十個人離開公司，那麼微軟將會變成一家無足輕重的公司。」

　　然而，目前許多企業面臨著越來越多的挑戰：獲得優秀的人才越來越不容易，在人員甄選聘用方面花費的代價越來越大，聘用的人員不適合，優秀員工不斷流失……。然而，我們最好的商學院卻都沒有提供如何評估、挑選人才的課程。

人才招聘是一場「贏輸的較量」，面對「五彩繽紛」各式特色的履歷，面對眾多「百煉成鋼」、「能說會道」的精悍求職者，企業該具備怎樣的一雙「火眼金睛」呢？為什麼你眼中的「千里馬」會「水土不服」呢？企業在人才招聘甄選上存在著困惑和難題，要麼找不到合適的人才，要麼缺乏有效甄選人才的手段和方法。工作沒少做，但收效卻不大。

　　為什麼一個面試用人決定那麼重要？因為錯誤的決策會給公司造成很大的損失。根據人力資源經理的經驗是：如果你在招聘時做出錯誤的決定，即使在 6 個月內認識到並糾正這個失誤，撤換那個員工的成本也將是這個人每年薪水的 2.5 倍。換句話說，每年薪水若為 50000 美元的不良人選將使公司損失 125000 美元。如果你在 6 個月內認識並改正錯誤，薪水為 100000 美元的不良管理者仍將使公司損失 250000 美元。曾經有一個調查內容，總共只有 3 個簡單的問題：

　　1.你最不成功的一次招聘是哪次？

　　2.解決由此產生的問題花了多長時間？

　　3.這個錯誤的決策導致的損失是多少？

　　令人吃驚的是，70%的管理者在一個星期內做出了回饋，而他們提供的答案同樣也令人吃驚。解決由此產生的問題花了多長時間？

中值：1 年

平均值：1.5 年

這個錯誤的決策導致的損失是多少？

中值：300000 美元

平均值：1087863 美元

被訪者是企業的人員聘用主管，留言中有的寫道：「我再也不僱人了。」

本書是企業的面試招聘選人標準，揭示了世界 500 強企業面試選人的標準和操作方法。向企業介紹員工甄選的方法、流程、技巧，以便能選出適合自己企業的優秀員工。

本書有系統地講述了人員招聘面試工作的全過程。對整個面試工作做了完整的描述，是人力資源工作者的實用工作手冊，為人力資源工作者提供了面試選拔人才時，可資參考借鑑的標準，並對具體選才標準做了詳細的行為分析。

員工招聘操作手冊　　員工招聘性向測試方法　　如何撰寫職位說明書　　如何處理員工離職問題

《面試主考官工作實務》

目　錄

第 一 章

企業面試的意義

第一節　面試的意義

（一）面試的意義

微軟公司在吸引人才方面可謂費盡心思。比爾・蓋茨在1991年準備創立美國微軟研究院時，他請了數名說客特意到賓夕法尼亞州卡內基梅隆大學，邀請世界頂尖的作業系統專家雷斯特教授加盟微軟，在半年中「三顧茅廬」，終於說動雷斯特教授加盟微軟。

雷斯特教授加盟後，同樣以最大的誠意和無限的耐心，邀請了上百名IT業最有成就的專家加盟微軟。有一次，雷斯特教授在動員三藩市兩名非常有造詣的專家加入微軟時，他們堅持說：「只要讓我留在三藩市就行。」但是這與微軟的指導思想是相違背的，微軟已經在美國成立了一個研究院，而且認為美國只應設立一個，否則會造成人力的分散。但經過再三考慮後，最終還是答應了他們的要求，又專門在三藩市成立了一個研究

院。人才對微軟始終是最重要的。

　　所謂面試，是一種通過精心設計，以交流和觀察為主要手段，以瞭解應徵者素質及相關信息為目的的測試方式。在面試過程中，招聘者可以根據應徵者當場對所提問題的回答，考察其運用專業知識分析問題的熟練程度、求職動機、個人修養、實踐經驗、思維的敏捷性、語言表達能力等。

　　通過對應徵者面試過程中行為特徵的觀察和分析，考察其外表、氣質及風度及情緒的穩定性，對應聘職位的態度，以及在外界壓力下的應變能力。招聘者可以通過連續發問弄清應徵者在回答中表達不清的問題，從而提高考察的深度和清晰度，並減少應徵者通過欺騙、作弊等不正當手段獲得分數的可能性。所以，面試是人員挑選錄用中不可缺少的重要測評方法。

　　需要注意的是，面試作為一種人員測評方式，與一般的談話是不一樣的：首先，面試中招聘者起主導作用，應徵者起主體作用，而談話中雙方的地位是平等的；其次，大多數面試中的問題是預先設定的，而談話的內容比較多樣化，隨機性較強；再次，面試的主要目的就是甄選員工，詳細地說就是應徵者能否擔任某職？與其他應徵者相比，這個人如何？而談話則更強調雙方的情感溝通。

　　面試的種類數不勝數。其中最常見、最基本的面試方法就是提問式面試。所謂提問式面試，是指招聘者提問，應徵者回答，招聘者和應徵者之間直接通過對話進行信息交流的面試方法。提問式面試對應徵者選拔所起的作用不能低估。據抽樣調查，50%的用人單位都習慣於採用提問式面試的方法。

　　面試可以用在招聘過程的不同階段：有的在招聘的開始階

段、各種考試測驗評價以前，用來初步剔除不合格的應徵者；也有的在招聘階段後期、各種考試測驗評價之後，用以確定最後錄用人員；還有的除了在招聘初期進行第一輪面試外，還會在招聘過程的中後期進行第二輪、第三輪面試。

（二）面試內容

雖然從理論上講，面試可以測評應徵者幾乎任何一種素質，但由於人員的甄別與選拔除了面試外，還有其他許多有效的方法，而且每種方法都各有其長處和短處，招聘者為了提高甄選過程的有效性，往往揚長避短地運用多種甄選方法。在面試時，招聘者不可能利用面試來測評應徵者的所有素質，而是有選擇地運用面試測評其最能測評的內容。面試中招聘者所提出的問題，通常也是以測評內容為依據來進行設計的。

面試測評的主要內容如下。

1.儀表風度

這是指應徵者的體型、外貌、氣色、衣著舉止、精神狀態等。國家公務員、教師、公關人員、企業經理人員等職位，對儀表風度的要求較高。研究表明，儀表端莊、衣著整潔的人，一般做事有規律、注意自我約束、責任心強。

2.專業知識

作為對專業知識考試的補充，招聘者通過面試瞭解應徵者掌握專業知識的深度和廣度，是否符合用人職位的要求。面試時對專業知識的考察更具有靈活性和一定的深度，所提問題也更接近應聘崗位對專業知識的需求。

3. 工作經驗

一般情況下通過查閱應徵者的個人簡歷或求職登記表，瞭解應徵者的工作實踐，面試查詢應徵者有關背景及過去工作的情況，以補充、證實其所具有的實踐經驗。通過工作經歷與實踐經驗的瞭解，還可以考察應徵者的責任感、主動性、思維力、管理能力和工作適應能力以及為人處世的基本狀況等。

4. 口頭表達能力

面試應徵者是否能夠將自己的思想、觀點、意見和建議順暢地用語言表達出來，考察其表達的邏輯性、條理性、準確性，以及語言的感染力、音質、名色、音量、音調等。

5. 邏輯分析能力

主要看應徵者能否抓住招聘者所提問題的本質，能否說理透徹，全面分析，以考察其思維的邏輯性以及思維的深度和廣度。

6. 反應能力與應變能力

主要看應徵者對招聘者所提問題的理解是否準確貼切，回答是否迅速、準確等；對於突發問題的反應是否機智敏捷、回答恰當；對於意外事情的處理是否得當、妥善等。

7. 人際交往能力

在面試中，通過詢問應徵者經常參與那些活動，喜歡同那種類型的人打交道，在各種社交場合所扮演的角色，可以瞭解應徵者的人際交往傾向和與人相處的技巧。

8. 自我控制能力與情緒穩定性

自我控制能力對於一些從事特定工作的人（如企業的管理人員）顯得尤為重要。一方面，在遇到上司批評指責、工作有壓

力，或者當個人利益受到衝擊時，能夠克制、容忍、理智地對待，不至於因情緒波動而影響工作；另一方面工作要有耐心和韌勁。

9.工作態度

招聘者往往要瞭解兩點：一是瞭解應徵者對過去學習工作的態度；二是瞭解他對應聘職位的態度。一般認為，在過去學習或工作中態度不認真、做好做壞都無所謂的人，在新的工作崗位也很難做到勤勤懇懇、認真負責。

10.上進心與進取心

上進心與進取心強烈的人，一般都會確立自己事業上的奮鬥目標，並為之而積極努力。上進心強烈者，表現在努力把現有工作做好，且不安於現狀，工作中常有創新；上進心不強的人，一般都是安於現狀，無所事事，不求有功，但求能敷衍了事，因此對什麼事都不熱心。

11.求職動機

瞭解應徵者為何希望來本單位工作，對那類工作最感興趣，在工作中追求什麼，從而判斷本單位所能提供的職位或工作條件等能否滿足其工作要求和期望。

12.業餘興趣和愛好

招聘者往往會詢問應徵者休閒時間愛好那些運動，喜歡閱讀那些書籍，以及喜歡什麼樣的電視節目，有什麼樣的嗜好等。瞭解一個人的興趣與愛好，這對錄用後的工作安排很有好處。

此外，面試時招聘者還會向應徵者介紹本單位及擬聘職位的情況與要求，討論有關工薪、福利等應徵者關心的問題，以及回答應徵者可能要問到的其他一些問題。

第二節　面試決策的原則

　　招聘的最後一個環節就是錄用決策，即決定僱用應徵者並分配給他們職位的過程。

　　如今隨著企業規模不斷擴大，職位越來越複雜，面試主考官在錄用決策中所起的作用也越來越大。但是，當決定一個對企業發展非常關鍵的職位人選時，面試主考官往往會在幾個脫穎而出的候選人中難以決策，往往一瞬間就有可能失去一個難得的人才。

　　著名雜誌《福布斯》，其歷任總裁都具有超凡的人才鑑賞力，在企業內部，他們僱用了一大批精明能幹的人才。只要有才能，在《福布斯》工作就一定會被安排到合適的位置上。

　　作為一名編輯，大衛‧梅克十分具有才華，可是他當總編時的管理方式卻叫人難以接受，他對待下屬從來不講情面，整天擺出一副冷漠的面孔。每當大家在著手準備下一期刊物的時候，他就會放出話來：「在這期出版以前，你們當中一定有一個人會被解僱。」弄得員工整天人心惶惶，無法正常工作。其中有名員工由於太擔心，緊張得不得了，最後無奈之下直接跑去問大衛：「大衛，我是不是就是那個被解僱的人？」大衛慢悠悠地說：「原先我還沒想到要解僱誰，不過，現在你提醒了我，那麼就是你了。」結果，那名員工當場被炒了魷魚。大衛的管理方式雖然非常冷硬，但是布魯斯‧福布斯依舊信任他，並委以

重任，因為布魯斯知道大衛是個有才華的人，一定會為《福布斯》帶來巨大的榮譽。

大衛・梅克果然不負眾望，他為《福布斯》贏得了報導真實的稱譽，這是最大的貢獻。在這之前，《福布斯》給人一種報導態度狂妄，內容又不精確的不好印象。為此，大衛專門僱用了一批研究助理，專門負責調查記者的報導是否真實。在三年中，大衛解僱了三名研究助理，原因就是沒有抓出別人的錯誤。正是由於大衛超人的才能和嚴格的管理，《福布斯》的身價和銷售量才會逐年攀升。1964 年，《福布斯》的銷售量就高達 40 萬份，實力能夠與當時的頭號商業雜誌《商業週刊》和《財富》一較高下。

在這關鍵時刻，正常情況下最好的選擇是回到崗位分析階段，重溫崗位分析，看看該崗位究竟需要什麼樣的人，從候選人中挑選出 2～3 個人。但有一點面試主考官要注意，崗位說明書不能代表「聖旨」，在錄用過程中，「按圖索驥」往往是不可取的，正確決策的關鍵就是靈活性。崗位說明書雖然可以提供一個篩選標準，但實際在勞力市場上，往往很難找到完全與說明書所描述一致的人。再者，就算找到完全符合崗位說明書所描述的人，也不一定就是最好的。根據多項研究調查表明，如果一個人已經能夠 100%地完成他應聘的工作，那麼他很快就會離開這個職位，因為在他看來這個工作已經失去了挑戰性。一般而言，能夠完成工作 80%的應徵者是最好的選擇，這類人在崗位待的時間會更長，其工作動力也會長久地保持良好狀態。

面試主考官在進行決策時有兩個選擇，一是在候選人之間進行選擇；二是在候選人和招聘標準之間進行比較。這一問題

存有兩種觀點，一種不贊成在候選人之間進行比較，認為這會降低錄用標準；另一種覺得候選人之間的比較是最好的方法，因為將候選人與某種標準比較，可能是不切實際的。

如果經過比較，結果沒有一個人符合要求，這時也有兩種選擇，一是進行重新招聘；二是在原來的招聘人員中重新選擇。其實，這時候可以說沒有一個公認的好方法。如果必須進行選擇，作為面試主考官，應該遵從以下原則：

1. 使用全面衡量的方法

要錄用的人才必然是符合企業需要的全面人才，面試主考官可以根據企業需要對不同才能賦予不同的權重，然後全面衡量應徵者的總價值，錄用價值最好的應徵者。

2. 儘快作出決定

目前，人才競爭非常激烈。優秀應徵者更是市場上的「香餑餑」。因此，面試主考官必須在確保決策品質的前提下，儘快作出錄用決策，否則，就有可能將到手的人才又流失。

3. 錄用標準要適當

有些面試主考官錄用人才時喜歡吹毛求疵，遇到一點小毛病便挑剔，永遠都不滿意。錄用標準設得過高，會出現「地板效應」，即能夠通過錄用標準的人寥寥無幾，從而使企業的招聘成本增加。但是，也不能設得太低，太低會出現「天花板效應」，即通過錄用標準的人佔了絕大多數，從而增大企業在招聘方面的付出。

人人都知道，世界上永遠沒有十全十美的事。作為一名高效的面試主考官，必須要分辨出那些能力對於完成這項工作不可缺少，那些是可有可無，那些是毫無關係。抓住主要問題，

關注問題的主要方面，這樣才能為企業選聘到合適的人才。

4.**要留有備選人員名單**

　　並不是所有被面試主考官看中的人最終都能如願入職，有的人可能通過層層篩選，但最終因薪酬問題談不攏而放棄，也有的人在篩選過程中發現這個崗位並不是最適合自己的，還有的人不過想證明自己能力，因此，一定要留有備選人員的名單，以免一旦錄選人員不能入職，一切招聘工作又得從頭開始。

心得欄 ----------------------------------

第 二 章

面試主考官的心理

第一節　面試主考官的心理偏失

在面試過程中，招聘者處於主動、支配的地位，對應徵者的最後評價在很大程度上取決於招聘者對他的主觀感覺。所以，招聘者在面試時會不自覺地產生一種優越感。這種優越感固然有利於招聘者主動性、積極性的發揮，但把握不好也容易形成極端化的傾向。面試主考官在面試過程中往往會有以下幾種心理偏差。

1.暈輪效應

招聘者對應徵者的某一方面優點或長處看得過重或特別欣賞，從而誤認為該人員在其他方面必然也很出色。這種由於一點印象而擴大到全面印象的現象，在心理學上稱為暈輪效應，也叫光環效應。暈輪效應是招聘者在評價應徵者時比較常見的一種心理現象。例如，招聘者對應徵者的勤奮有了好印象，就很可能會想當然地認為他有事業心、有毅力、有作為、目光遠

大等。之所以會產生暈輪效應，是因為招聘者對應徵者瞭解不多，而且其中還摻雜了大量的個人主觀心理因素，因此有很大的片面性。人在暈輪效應的基礎上做出的判斷往往是以偏概全的，總含有「一好百好」的心理傾向。

2.刻板印象

刻板印象也叫社會定型。這是指個體在對人知覺的時候，常常不知不覺地把人進行歸類，然後把對某一類人的總的看法轉移到對某一個人的身上。在人員招聘中，招聘者也會受其自身特有的、固定的觀念影響而形成對應徵者的印象。也就是說，在招聘者的頭腦中，存在著關於某一類人的固定印象，這種固定印象使招聘者在評價應徵者時常常不自覺地按應徵者的年齡、民族、性別、專業等特點進行歸類，並根據頭腦中已有的關於這一類人的固定印象來判斷應徵者的個性。比方說，招聘者與一般人一樣，都有關於「外來工」、「國企幹部」、「白領」、「中年人」等的刻板印象，也就難免用這副「有色眼鏡」去看一個個具體的人。

3.相似效應

招聘者在與應徵者面談時，往往會特別體諒、關注應徵者與自己相類似的某些行為、思想或經歷。例如，招聘者看到應徵者與自己是校友，那麼他自然會對應徵者產生一種親切感，從而給予較高的評價。

4.對比效應

在面試過程中，應徵者一般按照抽籤決定面試的先後順序，而這種順序有可能影響到面試考官的正確評價。例如，可能由於前面連續出現的幾個應徵者的水準都只是一般，突然出

現一個能力較強的應徵者，考官可能因此誤認為此應徵者非常
優秀，高估了該應徵者的能力；或者前面出現的幾個應徵者都
表現得非常優秀突出，突然出現一個能力平平的應徵者，考官
可能誤認為這個應徵者的水準非常差，從而低估該應徵者的能
力。為克服這種錯誤的效應，主試人應將應徵者的各項能力指
標與面試前制定的要求和標準相比較，而不僅僅與其他應徵者
相比較。

5.「壞事傳千里」效應

不少招聘人員在聆聽應徵者陳述之後，會傾向較為相信負
面性的資料，而對正面性資料的相信程度較低。與俗語所謂「好
事不出門，壞事傳千里」吻合，即人們對負面的事物有較深印
象，也有興趣知道更多。在招聘面談時，這個現象會令招聘人
員偏聽，導致做出的招聘決定有偏差。

解決辦法：招聘人員在面試記錄本上列好記錄提綱，通過
觀察、分析應徵者的表現，為每位應徵者做 SWOT 分析，即詳細
記錄應徵者的優勢、劣勢、錄用的風險、錄用可能帶來的益處
等。

6.近因效應（又稱「先入為主」效應）

根據心理學的記憶規律，招聘人員往往對面談開始時和結
束時的內容印象較深。這好像在聽一首大型交響曲時，有些聽
眾會集中欣賞開頭及結束部份，對中段較為陌生。若應徵者懂
得在開場白及綜合發言時多下一點工夫，他取得良好印象的機
會便會提高。相反而言，那些循序漸進，在中段表現良好，但
結束前又歸於平淡的應徵者，可能會被評為表現平平。

解決辦法：控制面試時間，一般對於每位應聘基礎崗位的

面試主考官,面試時間控制在 30 分鐘以內比較合適,在這個時間段內,招聘人員不易出現疲勞的感覺。另外,在應徵者回答問題、陳述時,建議招聘人員做簡單的記錄,這樣也可防止走神。

7.「恨屋及烏」現象

招聘人員對應徵者的某方面非常反感,以致影響到招聘人員的判斷。例如有的應徵者應聘技術開發工程師一職,其頭髮修剪不整齊,衣服也不太整齊。如果招聘人員對這些很反感,就會直接把他淘汰掉。可能這位應徵者技術能力、承受壓力能力都很強,而只是因為他在外形方面的欠缺,就失去了面試成功的機會。

美國管理大師彼德·德魯克先生在《卓有成效的管理者》一書中指出,作為一位卓有成效的管理者,要用人所長。他舉美國南北戰爭時的例子。美國南北戰爭時,林肯總統任命格蘭特將軍為北軍總司令。有人向林肯投訴說格蘭特將軍好酒貪杯,難當此任。林肯說:「我倒想知道他喜歡喝什麼牌子的酒,因為我想送他幾桶!」1865 年 4 月,格蘭特將軍不負眾望,果真帶領北軍取得了南北戰爭的勝利。

林肯懂得用人之長,也是好不容易才學會的。格蘭特將軍的受命,正是南北戰爭的轉捩點。在此之前,林肯的用人政策是:被選用之人必須沒有重大缺點,結果他先後選用的幾位將軍,都在戰場上敗北了。

解決辦法:招聘人員要充分關注應聘人員的核心能力,對於不影響其績效發揮的細節問題,可以忽略不計。一個能力很強的人,往往弱點也很突出。我們需要的就是看其所長,並在

企業中讓他發揮所長，就可以了。

8.「只聽不看」現象

招聘人員把精力集中在記錄面試對象的回答，而忘記了觀察面試對象本人。招聘人員要全心全意地觀察應徵者的反應行為，來印證他說話的內容，檢查兩者是否一致。

解決辦法：這樣的招聘人員往往是新手，還比較緊張。建議這樣的面試主考官，放慢面談的節奏，如果還沒有學會邊問、邊聽、邊看、邊想，不妨把這幾個步驟分解開來，這樣雖然面試的時間會拖長一些，但能較好地保證面試的品質。可以在面試記錄本上列下這樣的要點大綱：「要問的問題，應徵者的回答，觀察到的，分析結論」等。

9.用最優秀的人，而不是最適合崗位的人

在面試時不考慮崗位的要求，而只選擇能力最強的人，並且為了符合應徵者的能力，把職位提高至超出本來的要求，這樣會導致應徵者因資歷過高而最終厭倦或離開。

解決辦法：這是招聘人員普遍存在的心理狀態——招個最好的，有些公司的前台都要求英語大專以上學歷，其實這家公司基本上沒有海外客戶。因此，在招聘時，招聘人員要嚴格按需求人，尋找最合適的人選。就好像買車一樣，本來經濟型轎車費用低，已經可以滿足需求了，卻非要買大排量的高檔車，雖然更能滿足需求，可油費、維護費等大大增加，最終導致買得起，養不起。對於人才也一樣，如果讓大大超出本崗位能力的人幹這個崗位的工作，除非是企業有長遠打算，例如讓他熟悉一下工作，再調任高職，否則這樣的人是穩定不住的。

10. 招聘人員說話過多

不要將特定的面談時間用來拼命推銷公司的職位，而又不認真地評估應徵者的技能。這樣很容易掉進片面印象的陷阱，而忽視了應徵者的反應。應該適當地分配面試時間，用 35～40 分鐘作詳細的面談，其中 5～10 分鐘用來介紹公司和職位的情況。

解決辦法：招聘人員最重要的面試技巧是傾聽。如果招聘人員特別想說話，不妨多一些問話，引導應徵者開口去表現。記住，在面試現場，招聘人員不要總想當演員，要做觀眾，應徵者才是演員。

11. 提問「隱私性」問題

與年齡、性別、婚姻、種族或宗教有關的問題，有可能被看做對應徵者的歧視。

解決辦法：所提問題應與這項工作所需的能力有關，如「你是否可以加班或出差」。牢記那些是會讓應徵者感到尷尬的問題，避免涉獵。

12. 忽視對方僱主的挽留

優秀應徵者可能會被原僱主提出的高價挽留，如果應徵者不顧原僱主的挽留，執意要離職的話，那麼一定有更深層次的原因。招聘人員應詢問應徵者會如何考慮原僱主對他的挽留，提醒應徵者另尋工作的原因所在。

解決辦法：通過探求應徵者的離職動機（特別是在僱主一再挽留的情況下，仍要選擇離開），來瞭解這位應徵者最關注的是什麼。

13. 居高臨下

面試主考官在招聘過程中肯定是處於主導地位，但是有些面試主考官往往因此產生一種居高臨下的心理。在招聘中表現得很隨性，分析判斷主觀性太強，以及在篩選和測驗結果評定上出現個性傾向。

這一優勢心理往往還會引發面試主考官的自我表現心理。例如，如果應徵者在測驗和篩選過程中表現突出，面試主考官就會出現一種刁難心理，以難倒應徵者為樂。這樣必定會導致應徵者產生極大的心理壓力，發揮不出正常水準。

14. 嫉妒心理

嫉妒心理是人們在相互類比中產生出的一種十分有害的心理，即對才能、名譽、地位或境遇超過自己的人心懷怨恨。

作為一名面試主考官，如果存有嫉妒心理，在招聘的時候就會剔除那些太優秀的應徵者，而選擇能力不如自己的應徵者。其實原因只有一個，他們害怕那些優秀的人才招聘進來以後搶了自己的飯碗。所以，他們在選擇應徵者時，常常以自己為標準進行衡量，結果出現一種惡性循環的情況：人越招越差，越差越招。而企業失去了良好的人力資源支持，最終只能走向衰敗。

對於這個問題，可以通過下列措施來解決或控制面試主考官的行為：進行面向選材的績效考核；設立伯樂獎；建立應徵者的投訴通道；材料保留制度；對招聘流程進行標準化建設等。

15. 前後比較

有些面試主考官在測評過程中，會無意識地對前後被測評的應徵者進行比較。當面試主考官在對應徵者進行測評時，會

受到前一個應徵者的影響，這種影響和交叉干擾是正常的，但問題是有時這種心理趨向影響了評價的公正性和客觀性。例如，當一個能力一般的應徵者被編排在一個能力差的應徵者之後，可能會獲得較高的評價。反之，當一個能力同樣一般的應徵者被編排在一個優秀的應徵者之後，獲得的評價就可能會很低。一名高效面試主考官要排除這種前後比較的心理，就要準確理解和統一把握客觀的測評標準。

16. 輕信應徵者的表面價值或履歷

在招聘過程中，很多面試主考官總是根據表面價值去評判應徵者。他們樂於相信應徵者對問題的回答及他們的履歷所提供的信息，但許多應徵者並沒有據實以告，或者至少是將其美化。

實際上，許多應徵者並沒有考慮與企業的長期契合，他們可能只是一時要逃避一個惡劣的環境，或掙更多的錢。履歷的撰寫強調的是突出個人的成功經驗，而那些不利於個人求職的東西則被有意識地剔除。因此在招聘過程中，面試主考官要隨時保持清醒，不要被表面現象所蒙蔽。

心得欄

第二節　主考官的面試注意事項

市場競爭實際上就是人才競爭，人才是企業的根本，是企業最重要的資源，因此如何選拔優秀員工，已經是企業生存與發展的決定性因素。而企業人員素質的好壞直接影響到企業發展，作為一名高效的面試主考官在選拔優秀員工時應注意以下幾個方面：

1. 看其專業能力或學習潛力

如今市場競爭越來越激烈，對企業每個工作崗位員工的專業知識要求既專又精，因此專業知識是面試主考官在選拔員工時首先要考慮的問題。如果企業能把教育訓練、培育人才放在企業發展戰略的重要位置，那麼有學習慾望和有學習潛力的應徵者，就應該是面試主考官選拔的重點。企業在育才時，這類員工更能迅速領會並達到公司每一個階段發展的要求，這樣，企業才算真正達到了育才的目的。

2. 看其敬業態度

對企業忠誠和工作積極主動的人，越來越受到企業的歡迎；而那些頻頻跳槽，辦事不踏實的人，則是企業越來越不歡迎的人。現在有很多年輕員工對企業要求越來越高，企業一旦達不到其要求時，他們就不安心工作，想要另謀他就，這類員工給企業保持員工隊伍的穩定性帶來很大挑戰；而那些在工作中踏踏實實，遇到挫折不屈不撓、堅持到底的員工，其成效必

然高，這樣才會給企業創造出更大的效益。因此，面試主考官在為企業選拔員工時一定要注意這一點。

3.看其道德品質

面試主考官在為企業選拔員工時最要看的一點就是其道德品質。企業員工道德品質的好壞直接影響到企業的整體素質。一個員工有能力，但道德品質不好，遲早會給企業帶來巨大損害。例如，某企業招聘一位大區經理並把這位大區經理派到 H 區，讓這位大區經理負責整個 H 區市場。四個月後，這位大區經理卻攜帶企業的 10 萬多元現款消失,不但給企業造成了直接損失，還影響了企業的聲譽，該企業後來在 H 區市場永遠失去了輝煌。如果面試主考官在選拔這位大區經理時慎重一點，發現這個人道德品質不好，就不可能發生這樣的問題，所以面試主考官在為企業選拔員工時，應注重員工的道德品質。

4.看其是否適應環境

面試主考官在為企業選拔人才時，一定要注重所選人員適應環境的能力，避免聘用個性極端或理想太高的人。這類人很難和同事和諧相處，很難融入企業的文化，只會給自己和別人的工作造成一定阻力,同時還會影響到其他員工的情緒和士氣。

5.看其是否善於溝通

隨著社會日趨開放和多元化，善於溝通已成為現代人們生活的必備能力，很多企業已經深刻意識到溝通的重要性。一個合格的部門經理要用 45%的工作時間來做溝通，企業組織間有效溝通和人際溝通都會給企業發展帶來巨大幫助。

6.看其是否自我定位準確、瞭解自我

成功的企業對於員工職業生涯的規劃相當重視，員工通過

自我規劃，選擇合適的工作或事業，投身其中並為之奮鬥。對職業生涯進行切實可行的規劃，能使員工目標明確，即使面臨挫折，也能努力堅持，不會輕易退卻，因而能在生產或其他工作中發揮主觀能動性。因此，面試主考官在為企業選拔員工時，一定要看其是否自我定位準確、瞭解自我。

7.看其健康狀況

一個身體健康的員工，做起事來精力充沛，幹勁十足，並能擔負較繁重的任務，不致因體力不支而無法完成任務，因為身體是工作的本錢。因此，健康的身體也是選拔時的重點之一。

心得欄 _____

\- -

\- -

\- -

\- -

\- -

第三章

應徵者履歷分析

第一節　如何閱讀簡歷表

　　通常來說，面試主考官通過簡歷第一次接觸應徵者，那麼作為高效面試主考官如何閱讀簡歷，並從中獲得有效信息呢？一方面要辨別簡歷中的虛假信息，另一方面要對重點內容在接下來的面試中進行確認，並使面試更有針對性。

　　一般應徵者簡歷主要包括以下幾個部份：應徵者基本情況，包括姓名、性別、年齡、學歷狀況、住址等；工作經驗；薪金要求；工作意向等。下面對以上內容進行逐步分析。

　1.**年齡**

　　年齡是工作崗位要求的一個重要參照，面試主考官可以把應徵者的年齡與其工作經驗進行比較，就能夠看出應徵者所列出的經驗是否屬實。通常來講，應徵者年齡都是真實的，但是會在經驗上造假。

　　倘若應徵者年齡偏大，那就要注重分析更換工作的原因，

而且年齡較大的應徵者是否還能踏實地從基層做起，也是一個應該考慮的問題。

2. 學歷

學歷上最大的問題是真假問題，一些海外應徵者也日益增加，因此面試主考官有必要通過各種管道查詢學歷的真偽。

學歷還有第一學歷和後學歷兩個問題，其中後學歷的真假特別需要注意。

如果是後學歷就要注意看應徵者是何時開始、何時獲得後學歷的，這樣能夠看出應徵者的學習能力和接受挑戰的能力。

專業與學歷密切相關，一般崗位說明書中都會對專業作出規定。如果應徵者擁有多個學歷，那麼，面試主考官對其不同學習階段的專業進行分析，就能夠得出其在知識的系統性和廣度方面的基本判斷，還能夠從不同專業的相關性中獲知其個人的規劃能力。

3. 住址

應徵者如果不屬於本地，特別是一些年齡較大的應徵者，若錄取後，他們將面臨非常現實的問題，例如生活成本增加、生活環境變化等，這些都會影響其進入企業後的工作狀態。

4. 工作經驗

面試主考官對簡歷分析的重點就是工作經驗。

應徵者工作變換的頻繁程度。應徵者工作變換頻繁，雖然能表明應徵者工作經驗豐富，但同時也說明應徵者工作具有不穩定性。

應徵者頻繁換工作的原因。頻繁的變換工作並不表示一定存在問題，重點是為什麼變換工作。

若應徵者以前做過的工作相關性都不大，並且工作時間也不長，那麼面試主考官就要引起高度重視。

應徵者的工作是否有間斷，在間斷期間都做些什麼。

應徵者目前是否在工作，這一點非常重要，這關係到應徵者問題，也關係到應徵者何時能到職，當然離職原因也很重要。

對應徵者每個階段所負責的主要工作和業績進行審查。

應徵者的經驗與崗位要求是否匹配，如果完全已經有能力勝任一個較高職位，卻來應聘一個較低職位，這時，面試主考官就要分析他這樣做的目的是什麼。作為一名高效面試主考官要想讀透簡歷，最主要的原則就是對各項內容進行交叉分析，這樣就能獲得應徵者更完整、更全面的信息，發現其中的亮點和疑點。關於亮點和疑點，都不要妄下判斷，還必須通過進一步甄選進行確認。

第二節　簡歷的篩選技巧

一、簡歷的類型

招聘主管將招聘信息整理完畢後，即開始在報紙、網路等媒體上進行了職位發佈。招聘信息發出後沒幾天，人力資源部就收到了大量的簡歷。在當今崗位短缺、人才相對過剩的人才市場狀況下，每個職位都將引來大批的應徵者。知名企業一個崗位每天都將吸引上百甚至近千名應徵者投遞簡歷。

確實，一份清晰、漂亮的簡歷確實引人注目，就像路上走過一位漂亮女孩，她多半會成為眾目的焦點。現在應徵者為了自己的簡歷能在眾多簡歷中脫穎而出，也是花了很多心思和成本的。接下來，公司發愁了：「招聘信息發出後，每天都會收到上百份簡歷，有寄過來的，有通過電子郵件傳過來的，我怎麼才能從中選中真正的金子呢？如果把不好第一關，讓企業與優秀的人才失之交臂，那我這招聘專員就太失職了；如果讓過多的應徵者參加後續的面試，又會耽誤經理們的時間。篩選簡歷這副擔子可不輕啊。」

1. 紙質簡歷

應徵者以投遞、郵寄等方式將紙版簡歷送達給企業招聘人員。這種簡歷多是自我推薦信和個人基本情況說明的結合。

2. 電子版簡歷

以電子郵件方式投遞給企業招聘人員，或是將電子版簡歷發至企業招聘郵箱，或是將個人信息按照人才網站提供的範本，錄入到人才網站的數據庫中，供企業招聘人員搜索、篩選。

3. 多媒體視頻簡歷

近幾年興起來的一種簡歷形式，即應徵者自拍的應聘錄影，這種簡歷可以生動地展示應徵者的形象、談吐、才藝。視頻簡歷憑藉生動的畫面和音效展示應徵者的音容笑貌，提供給了招聘者豐富的信息，以一種前所未有的方式拉近了應徵者和招聘者的距離。視頻簡歷可以使應徵者跨越時空和地域向一家或多家招聘單位同時展現自己的風采，大大節約了雙方的單位費用。視頻簡歷還可以拍攝應徵者的推薦人或證明人的評價、推薦，使推薦人的評價更加可信。

二、透過簡歷「看」人

一份簡歷一般包括這樣一些客觀內容：

個人信息：包括姓名、性別、民族、年齡、學歷等；

受教育、培訓經歷：包括求學經歷（一般從高中填起即可）、接受培訓情況等；

工作經歷：包括工作單位、起止時間、工作內容、參與項目名稱等；

個人成績和特長：包括在學校、工作單位、社會上受到的嘉獎，以及個人有何特長，如是國家級運動員、通過了鋼琴十級考試等。

招聘人員在篩選簡歷時，為了節省寶貴的時間，要能一眼看出「問題」簡歷。

1. 不符合基本情況的簡歷

對於年齡和受教育情況不符合招聘要求的，就可以直接排除了。

2. 簡歷中有缺項

在姓名、性別、年齡信息中，要特別注意是否有缺項現象。一般來說，簡歷有缺項，基本原因有兩個：一是粗心，忘記寫了；二是不希望這樣的信息出現在簡歷中，例如將大學入學時間和畢業時間缺項，這樣做可能就會導致招聘人員不好判斷專科還是本科學歷。顯然，無論何種原因，這樣的人員不是我們應該優先面試的。

3. 簡歷中有異於常規的信息

如某應徵者本科上了五年，而一般院校本科學制為四年（多上了一年，可能有留級或休學現象）。還有的應徵者聲稱大學期間獲取了四個學位（這幾乎是不可能的）。

4. 簡歷中有中斷的信息

在工作經歷和個人成績方面，要注意是否有間斷的經歷。如果簡歷中有一年的經歷沒有寫，那麼要特別關注應徵者這一年做了什麼，是為了提升業務水準參加了脫產學習，還是在家待業，等等，不同情況要區分對待。

5. 應聘職位與工作經歷差別過大

簡歷中在描述自己的工作經歷時，列舉了一些著名的公司和一些高級職位，而他來公司應聘的卻是一個普通職位，這就需要引起注意。再如，另一份簡歷中稱，自己在許多領域取得了什麼成績，獲得了很多證書，但是從他的工作單位中分析，很難有這樣的條件和機會，這樣的簡歷也應引起格外的注意。

6. 拼寫錯誤、明顯的語法錯誤

出現這種錯誤原因不外乎是粗心、不認真。無論是何種原因，企業人力資源人員要慎重選擇與其的進一步接觸。因為出現這種錯誤，我們很難將其與「高素質」人才聯繫在一起。

7. 簡歷中有與事實不符的信息

比較常見的現象是虛假學歷，但這種信息往往不是光憑看就可以辨出真偽的，需要嚴格核實，可到政府辦的相關網站上去查詢，有必要的話還要與應徵者畢業院校的教務處進行聯繫，以確定真偽。雖然會佔用很多的時間，但關係重大，不可省略這一步。

8. 條理不清晰

簡歷提供的個人信息要具體、準確，應徵者是否能通過一兩頁紙將自己的經歷描述清楚，本身就是一種能力的體現。有些應徵者在描述自己的工作經歷時，沒有一種清晰的格式，導致企業人力資源招聘人員很難在一兩分鐘的時間內，對應徵者有個「可面試」的印象。

9. 描述了以往的工作職務和職責，卻忽略了工作業績

工作職務和職責在應徵者簡歷中是必不可少的，但工作業績更是不可缺少的。招聘人員應學會透過其以往的工作業績，對應徵者今後的發展做個預估，這樣在挑選簡歷時就會更有針對性。

10. 過多地提供與應聘職位無關的愛好等

試想，如果一位應聘研發經理的人員，在簡歷中過多地描述自己多麼喜愛旅遊，曾去過那些地方，有什麼見聞之類，那麼企業人力資源人員是否會感興趣，會不會想約其來面試？很難想像，這樣的人在工作中會按照工作要求完成任務，更不要說能有很強的領悟能力了。

總之，簡歷的描述是否有條理，是否符合邏輯，他是否經常換工作等，都是我們應該關注的，透過簡歷，我們可以「看到」這個人。

在篩選過程中，應該用鉛筆標明質疑點，如果有面試機會，便於在面試時作為重點提問的內容加以詢問。

例如找出了兩份自薦信，這兩個人都是應聘部門秘書這一崗位的，其基本條件，如學歷、年齡等均符合崗位要求，但他們的自薦信暴露出了更多的信息……

自薦信 1：

本人欲應聘貴部門秘書一職，我現在是××公司××辦事處主任的秘書，18個月前我進入公司後就一直擔任該職務，我認為自己的工作經驗十分適合應聘這個職位。

我有 10 年的文秘工作經驗，現在希望獲得更有挑戰性的工作機會。我的優點是善於與人相處，易於溝通，喜歡每天做各種不同的工作，這樣就不會感覺單調無趣。我曾在報社工作過，負責拍攝人們感興趣的照片並配發標題。現在我負責本部門的預算編制，手下有 2 名辦事員。

我希望儘快得到面試機會。如果得到通知的話，我可以立即開車去您的辦公室。期待著與您見面！聽說在貴部門工作非常有意思。我的辦公室電話是：×××××××轉××。

李××

××××年×月×日

自薦信 2：

我寫這封自薦信的目的是做自我介紹，並希望就貴公司空缺的秘書職位得到面試的機會。我有 8 年的秘書工作經驗，8年來我一直任職於××諮詢公司。一開始我是高級諮詢事務組的事務秘書，現在則擔任公司下屬的××諮詢事務所副總裁××先生的秘書。

因公司總部即將遷往外地，而我由於個人原因，希望留在本地工作。我曾在秘書學院接受過培訓，此外還獲得××大學秘書專業畢業證書。現在我手下有 2 名辦事員，我負責修改所有的高級文件、編制部門預算及其他工作。

如果能得到面試機會，我將不勝感激。謝謝您！我的電話
是：×××××× (白天)和×××××× (晚間)。

陳××
××××年×月×日

為了便於對這兩份簡歷進行分析，我們提供了一個簡歷評
價表（見下表），進行分析。在認真研讀的情況下，填寫的結果
如下表所示。

簡歷評價表

評價項目	李某的自薦信	陳某的自薦信
優點	長期工作經驗 喜歡多樣性工作 性格較開朗	自薦信條理清晰 簡潔而職業化的寫作風格 提到了應聘的具體原因
缺點	散漫的寫作風格 有些隨意 沒有提到成功的經歷	沒有成功經歷的描述
錄用的風險	會不會因為太喜歡玩而不能專心工作	穩定性需再考察 工薪要求會不會過高
結論	不予面試	可以面試

填完這個表，自己已經做出了判斷。新手上路，按這個表
將簡歷做比較。以後慢慢熟練了，就不必每次都填表了。

第三節 簡歷表的篩選原則

1. 人才信息的篩選

隨著應徵者個人履歷一起寄出的往往會帶有一張個人簡歷。對於面試主考官來說，可以透過簡歷來瞭解應徵者的職業素養、獨創性和分析概括能力，進而形成某種明確的總體印象。那麼，面試主考官應該如何從成千上萬簡歷中篩選出人才呢？這也是有秘訣的。

⑴注意與工作有關

招聘的基本原則之一就是匹配與契合。要想做到職得其人，面試主考官就必須把注意力集中在與工作有關的東西上。工作的要求是什麼？工作出色需要具備那些必要條件？個人簡歷中「學歷與學位」、「學術成就」、「工作成就」、「工作職責範圍」以及「特殊專業培訓」等項是一些比較重要的關鍵項目。

另外，還要考慮新、舊工作崗位的相似程度以及時間上是否接近。例如，如果招聘的對像是某房地產總經理，那麼應徵者最好是具有多年房地產運作管理經驗。如果某個應徵者有兩三年的房地產銷售管理經驗，那麼這個應徵者的競爭優勢就要大打折扣。

⑵注意風格的契合

實際上就是指應徵者的個性和動機，該應徵者是否適合本崗位，應徵者將做什麼，以後和誰共事等。如果該應徵者的上

級是個獨裁專斷型的鐵腕人物，而應徵者在個人簡歷中又突出強調自我，那麼，這個人就未必能與其新上司和諧共事。

⑶**忽略有歧視的信息**

個人簡歷中有些信息，如年齡、婚姻、子女等，面試主考官對這類信息應該一帶而過，以免引起不必要的法律糾紛。這一點對於面試主考官來說必須引起高度重視。

⑷**重視應警惕的東西**

應徵者在撰寫個人簡歷時，自己的優缺點並不會真實以告，對於應徵者有利的信息他們會濃墨重彩，對其不利信息則會輕描淡寫，一帶而過。因此，面試主考官對個人簡歷中可能出現的「時間不吻合」、「怪異的表現手法」等需要保持高度警惕。

⑸**看的同時作記錄**

面試主考官可以一邊看簡歷，一邊在一張白紙上作記錄，這樣做有三點好處：能夠隨時保存自己思考過的印跡，再次翻閱時就可以省時省力；不會干擾公司內其他面試主考官的獨立判斷；對應徵者的尊重。

⑹**看完後再下結論**

有些應徵者在個人簡歷中把不利於自己的內容一帶而過，如果面試主考官匆忙就下結論，是很容易被誤導的。比如有的應徵者在個人簡歷中只說自己從某某學校畢業，或是列出很多自己所學的科目，但根本不提兩證是否齊全。所以，面試主考官一定要耐住性子把簡歷看完。

2.**人才信息的跟蹤**

人才信息篩選過後對其跟蹤，面試主考官可以通過製作一

份個人簡歷篩選調查來完成，這個調查表的內容可以從六個方面來製作：

⑴**總體外觀**

主要看個人簡歷是否整潔，能否讀懂，有無錯字或語句不通順，簡歷紙張品質如何，內容書寫是否符合標準等。個人簡歷的總體外觀能夠反映一個人做事的認真程度以及對應聘職位的興趣強度。

⑵**佈局**

這個重點是看個人簡歷的結構是否符合邏輯，寫得是否明白，能不能找到面試主考官需要的信息。還要看簡歷的寫作風格從頭到尾是否一致，字體是統一的，還是隨意安排的，段落、標點、符號是否對齊等。從這些細節可以看出應徵者的仔細程度和創造力。

⑶**經驗**

這是一份簡歷中最重要的部份。面試主考官應該先要注意應徵者是不是一個腳踏實地的人，即注意他的事業進程是否符合邏輯。其次注意應徵者在某一個職位任職的時間長短。這一點並沒有好壞之分，時間太長或太短從不同的角度來說就會有不同的定義。最後注意應徵者在以前工作中的職責以及成就，面試主考官千萬不要被那些所謂的高級職務名稱所騙，很多職務名稱往往都是有名無實的。

⑷**教育背景及證書**

看應徵者的教育背景是否符合這個職位，還要注意應徵者是否說明已經畢業，還是只說自己上過什麼學校。雖然說現在大學畢業證並不能保證一個畢業生就能夠勝任某個崗位，但畢

竟能夠成為某種基礎或某種素質。另外還要看應徵者是否接受過與工作崗位有關的專業培訓。

⑸ **參加過那些活動和組織**

如果應徵者有提供這方面信息，就能讓面試主考官看出其興趣愛好範圍和深度，也能夠看出應徵者興趣愛好是否與工作崗位相契合。但通常來說，這些都與要應聘的工作沒有多少聯繫，所以，面試主考官在這方面可以減少重視。

⑹ **證明人**

看其簡歷有沒有提供證明人和聯繫方式。面試主考官經常在簡歷中能夠看到這樣一句話「需要時可提供證明人」。無論應徵者在個人簡歷中是否注明證明人，面試主考官對於這一點都應該予以核實。

從以上幾個方面就可以給應徵者歸類，如果面試主考官覺得還需要補充一些重要信息，還可以根據個人簡歷中所提供的聯繫方式與應徵者進行進一步聯繫。總之，不管應徵者遞交的是那種類型的簡歷，寫作手法是否嫻熟，作為一名高效的面試主考官，一定要牢記，把個人簡歷所反映出的應徵者概況與工作有關的要求進行比較才是篩選的主要目的，應集中注意與工作有關的事件，並且隨時保持清醒頭腦，為企業篩選出真正的人才。

第四節　值得面試的簡歷

「問題」簡歷的先加以排除，符合以下條件的簡歷應得到優先面試的機會。

1.簡歷有針對性

求職的過程就是一個自我推銷的過程，簡歷就好比是「產品推介書」或「廣告」。在企業中，不只是行銷部門的員工要有推銷能力，實際上，對於職能部門的員工，同樣要具備這種能力。職能部門的員工要把自己的服務做成產品，以獲得客戶（更多的是內部員工）的認可，這樣才能提高客戶滿意度。

如果應徵者的簡歷能體現出「他適合這個崗位，他有足夠的能力勝任」，「他很有特點」等，這樣一份與眾不同的簡歷應該得到優先面試的機會。

2.簡歷中體現了良好的溝通能力

戴爾・卡耐基說過：「一個人的成功，只有 15%是由於他的專業技術，而 85%則是靠人際關係和他的處事能力。」可見溝通能力的重要性。應徵者與招聘人員的溝通，從招聘人員收到簡歷那一刻就開始了。招聘人員一定都收到過電子版的簡歷，由於不同的文本，有些簡歷很難打開看，有些簡歷根本就不願意打開看。如有些簡歷主題中只寫「應聘」，簡歷以文檔的形式發過來（有些還是 PDF 格式的），這樣招聘人員就要多花上幾倍的時間打開文檔，到簡歷中去找信息，遇到病毒提示還不能打

開文檔，遇到沒有應用程序的，索性不打開了。這樣的簡歷，我們可以稱之為「缺乏溝通能力的簡歷」。與之相反，有些簡歷的主題會寫得很清楚「應聘總經理秘書」，然後以信息的形式將簡歷發過來。

對於那些「缺乏溝通能力」的簡歷，招聘人員可以忽略不計，因為對於這樣的應徵者，很難期望他任職於公司後會有上佳的表現。

感觸一：優秀的人力資源工作者需要培養自己人對事敏感的能力。那怕是面對一份簡歷，也要從中看出其特有的東西。

感觸二：人力資源工作者需要培養「河中淘金」的能力。面對大量的簡歷，需要用較快的速度從中區分出良莠，以便儘快安排後續的招聘工作。

3.簡歷簡明扼要

簡歷的書寫無疑體現了應徵者的風格。如果能用一頁 A4 紙，將自己的學習、工作、個人特點等情況說明清楚，不難看出，這名應徵者有優秀的文字表達能力和幹練的做事風格。這樣的應徵者是值得被列入待面試名單的。

4.禮貌用語體現了良好的職業素養

簡歷或是求職信屬於公文信件，所以在格式上也要符合一定的規範。面試主考官應先檢查一下它是否包括了公文信件應包括的所有內容。如：地址寫得是否完全？結束語是否恰當？開頭是「致有關人士」、「致啟者」、「尊敬的先生/女士」，還是直呼其名？如果面試主考官一眼就能看出信函中存在的格式錯誤，或是讀完這份簡歷後明顯地感到了不被尊敬，那就足以證明該應徵者缺乏一定的職業素養。反之，倘若面試主考官在讀

過了這份簡歷後，感到該應徵者言語得當，知書達理，就可以證明該應徵者在人際交往、溝通，職業素養等方面都有良好的表現。一般來說，這與應徵者的工作能力是成正比的。這樣的應徵者當然不能錯過。

綜上所述，作為一名高效面試主考官，要在眾多簡歷中發掘那些值得面試的簡歷，不僅要有縱觀全局的能力，還應該具備一雙在細節中發掘人才的「慧眼」。應該看到，有的人才雖然有很好的教育背景，或是豐富的工作經歷，但其本身的做派和修養限制了自身的發展，況且在面試前，這些應徵者的硬體條件還有待考證。所以，在現階段，面試主考官還是要重點從一些細節上評估應徵者。「細節決定成敗」，那些在簡歷中注意細節的應徵者，也必然是有著很大發展潛力的人才。

第五節　如何識破造假的簡歷文憑

目前的招聘面試中，持假文憑應徵者屢見不鮮。

對於招聘崗位來說，除了將可疑文憑送去驗證之外，掌握一些常用的鑑別技術十分有用。

1.照片對比之法

文憑上的照片可以顯示出豐富的信息：

- 如果發證時間距當前有一定時日，持證者的長相髮型與證件照對比必然會有出入，時間越長差別越大。
- 證件本身會因時間關係出現一定程度的陳舊感。

·真證件上照片與紙張的新舊程度是相符的，不會紙張很
　新，但照片卻很舊。

·確實無法辨別畢業證真假時，可以與身份證進行對比，
　有時同樣能獲取有用的信息。

2. 外觀鑑別之法

(1)持假者為實現以假亂真，通常會在證件表面做文章，使
之看起來真實可信。常見的辦法有塗抹汙跡（如灰塵、墨痕、機
械油汙等）、磨損封面、煙熏、黴變等，這種人為製造的痕跡往
往不自然。

(2)假證內裏的紙張一般較新，因而往往與證件簽發時間難
以吻合。

(3)雖然制假水準越來越高，但多數假證紙張表面油性大，
吸水性和黏附力差，書寫的文字以及蓋的公章都容易模糊，採
用雷射印表機列印的文字則有脫落現象。

(4)外觀面目全非的文憑，雖然不排除因意外事故造成，但
對於假證而言，絕對是為了掩飾而不得已為之。

3. 專業追問之法

對於專業性較強的崗位，由專家主持面試，採取專業探詢
法是非常有效的。例如詢問其所學專業開設的課程，某一課程
的具體內容，應用的領域等。對方對問題的回答越專業，表明
可信度越高。一般來說，應徵者對提問的回答多採取知無不言
的態度，而持假者在重重設問下要麼不著邊際，要麼有意避開。

4. 心理較量法

應徵者接受面試時多帶有一定的心理壓力，持假者更甚。
具體表現有：

⑴現場應聘時藉口擔心證件遺失故意不帶原件。

⑵過問其在校就讀的細節時，會因不瞭解詳情而藉故搪塞。

⑶在交驗證件時，雖然強裝若無其事，但視線卻遊移不定，或者在驗證後匆匆將證件裝入包中。

⑷談及當前假證現象時，神情極不自然。

對付持假者最厲害的一招，莫過於向其表明你與他畢業的學校存在某種關係。具體方式如下：

⑸必須讓應徵者對其畢業學校和學歷進行確定。

⑹向對方提供如下信息：表明自己畢業於該校；或自己家就剛好住在該校旁邊，相當熟悉該校的環境；或自己認識該校的某名人，並詢問對方對該人的印象、該校的特色建築、對方在校就讀時的感受等，之後觀察對方的反應，或琢磨其回答是否自相矛盾。在公開場合採用這種方式，有時會使其他持假者知難而退。

5. 特例判斷法

假證製作雖然日漸專業化，但由於制假隊伍魚龍混雜，因此製作品質也是良莠不齊。如某高校十多年來校長人選一直沒有更換，但應徵者在應聘時偏偏出示了連校長名字都被更換的假證。另一個典型的例子是：某知名學府的畢業證鋼印字體為行書，而朱砂印為仿宋，但很少有造假證者注意這種細節。

6. 網站查詢之法

教育部以及某些高校的網站（如北京大學）目前推出了學歷網上查詢法，可以通過網路來查詢。

第六節　如何看穿簡歷中的虛假內容

在招聘過程中，虛假簡歷往往是令面試主考官非常頭痛的。簡歷是應徵者應聘的第一道關，由於簡歷的格式大體相同，應徵者若想從中為自己增光添彩是非常容易的；對面試主考官來說，倘若不能迅速地識別出簡歷中的虛假內容，勢必會使招聘工作的公平性遭到質疑，即使在今後的面試中識別出了簡歷造假者，也已經浪費了寶貴的時間。因此，面試主考官要力求在面試之前快速識別出那些帶有虛假內容的簡歷，並將其排除在面試計劃之外。

1. 簡歷的基本內容

其實，簡歷的篩選工作雖然看似複雜，但各類簡歷也無非是包裝的形式不同而已。作為面試主考官，只需要在簡歷中找到那些自己想要的信息即可，也就是說，要透過那些花樣繁多的簡歷看到其中最本質的部份。一般來說，一份簡歷都會包括如下客觀內容：

⑴個人信息

包括姓名、性別、民族、年齡、學歷等。

⑵受教育、培訓經歷

包括求學經歷（一般從高中開始）、接受培訓情況等。

⑶工作經歷

包括工作單位、起止時間、工作內容、參與項目的名稱等。

⑷**個人成績及特長**

包括在學校、工作單位、社會上受到的嘉獎，以及個人有何特長。例如曾在學校擔任過晚會主持人、通過某種考試等。

作為面試主考官，為了能一眼看穿有問題的簡歷，可以首先從以上內容入手，暫時忽略掉簡歷中其他的內容。因為以上內容代表一名應徵者的基本條件，倘若以上內容對於所應聘的職位不合適或是存在虛假，即可以就此排除，不再浪費時間。另外，以上內容也是最容易摻雜虛假信息的，值得引起面試主考官的注意。

2. **快速識別簡歷中的虛假內容**

⑴**在時間上存在矛盾的簡歷**

最常見的虛假信息就是在工作經歷和教育經歷上作假。在這方面作假很容易留下的「痕跡」就是時間上的不一致。比如說，一名 1987 年以後出生的應徵者在簡歷中聲稱自己擁有學士學位、研究生學歷，但以此來推測的話，這名應徵者大約在 19 歲就已經本科畢業了，這顯然不符合常理。另外對於那些過於年輕的應徵者，簡歷中聲稱的那些曾在高級職位的工作經歷也值得懷疑。

⑵**簡歷中有缺省項**

在簡歷中，要特別注意是否有缺省現象出現。一般來說，簡歷中存在缺省項的原因主要有兩個：一是應徵者因為粗心而忘記，但這樣的應徵者並不多，畢竟找工作是關係到前途的重要事情；二是不希望自己的某些信息出現在簡歷中，這種情況大都是應徵者在這方面存在缺陷，希望通過缺省來使面試主考官忽略此信息，比如說一些專業同應聘職位不相關的應徵者，

可能會只寫明自己所畢業的大學名稱（有些還可能是名牌大學），以此來吸引面試主考官對此項內容的注意力。顯然，這樣做的應徵者對招聘工作流程缺乏瞭解，因為簡歷不完整的應徵者不會被優先安排面試。

⑶**簡歷中有異於常規的信息**

有些應徵者在簡歷中聲稱本科上了五年，而一般院校本科學制為四年，由此可以推斷出要麼這份簡歷存在虛假信息，要麼就是應徵者在上學時有過留級或休學現象，這兩種結果都使面試主考官有理由將這名應徵者排除在外。此外，一些應徵者還會聲稱自己取得了多個學位或是很多與專業方向毫不相干的資格證書，這些對於一個普通人來說都幾乎是不可能的。

⑷**簡歷中有中斷的信息**

在工作經歷和個人成績方面，要注意是否有間斷的經歷。如果簡歷中有一年的經歷沒有寫，那麼要特別關注應徵者這一年做了什麼，是為了提升業務水準參加了脫產學習，還是由於特殊原因在家待業。對這些不同情況招聘人員要不同對待。

⑸**工作經歷與應聘職位存在矛盾**

有些應徵者在簡歷中描述自己的工作經歷時，列舉了一些著名的公司和一些較高級的職位，而他應聘的卻是一個較普通的職位，這就需要注意，是什麼原因使得他願意屈就？再如，有的應徵者在簡歷中寫著在許多領域取得了很大的成績，或是曾獲得了很多證書，但是從他的工作單位和職位來分析，他很難有這樣的條件和機會，這樣的簡歷也應引起格外的注意和警惕。

(6)**虛假學歷**

虛構學歷是當下常見的簡歷造假手段之一，而且這種信息的真假往往不是憑看學歷影本能識別出的。現在分辨真假學歷較為權威的方法是去學位頒發學校去查詢。值得注意的是，現在網上有很多虛假的學歷信息查詢網站，只能通過聯繫應徵者畢業院校的教育處進行確認。

(7)**工作經歷中對工作業績有所忽略或誇大**

工作經歷和工作業績在應徵者的簡歷中往往是簡歷的重頭戲。面試主考官應學會透過其以往的工作業績，對應徵者的工作能力作出評估。此外，由於工作經歷無法像學歷那樣方便地查詢，使得這部份也是虛假信息的「高發地帶」，最常見的就是對工作業績的忽略或誇大。比如說，一名應聘銷售職位的應徵者在簡歷中聲稱自己曾完成了整個團隊 70%的銷售任務，這樣的業績要麼表現出他是一名天才銷售員，要麼表明他之前的團隊是一盤散沙；另外，倘若一名銷售員在簡歷中對自己以往的業績隻字不提，同樣是不正常的——只能說明他曾經的業績不佳，羞於示人。

(8)**過多地提供與應聘職位無關的愛好**

如果一名應聘研發經理的應徵者，在簡歷中過多地描述自己對音樂的熱愛，那麼他很可能是在使用「障眼法」來轉移面試主考官的注意力——自己的簡歷中有價值的內容太少，並以此來擴充版面。這樣的人即使能勝任工作，也很難說他有很強的拓展能力，而且這種「顧左右而言他」的做法恰恰說明了他是個擅長耍小聰明的人。

總之，識破簡歷中虛假內容的要點就是要看簡歷是否有條

理,是否符合邏輯。作為高效面試主考官,應該充分地審查簡歷中的基本信息,並試圖找出其中的矛盾、疑點,並用鉛筆將其標注出來,在今後的面試中作為重點提問的內容加以詢問。

第七節　如何透過面試瞭解競爭對手

通過面試瞭解競爭對手信息時,要特別注意提問的方式、方法,盡可能避免引起應徵者反感。

1.什麼是競爭對手情報

所謂競爭對手情報,指的是與公司的直接競爭對手相關的重要信息,包括發展戰略、方案、實踐以及人員等。在人力資源這一領域,競爭對手情報特指如下信息:

- 高級人才為何選擇了競爭對手而放棄了我方的錄用?
- 潛在的應徵者是否經常訪問競爭對手的網站?為什麼?
- 如果應徵者拒絕的錄用,他/她會轉向那家公司?二者薪金有何區別?
- 競爭對手負責招聘的是什麼人?
- 競爭對手的廣告、網站和其他招聘方式中,那種方法對應徵者的衝擊最大/小?

2.如何收集競爭對手情報

(1)面試的時候詢問

- 你現在的公司組織結構是怎樣的?
- 有多少人?

- 你在其中是什麼位置？你目前的收入是多少？
- 期望的薪酬是多少？
- 你還找其他的工作機會了嗎？
- 能透露是那些單位嗎？
- 你從那裏看到我們的招聘信息？
- 你喜歡那種招聘信息發佈方式？
- 導致你辭職的主要原因是什麼？
- 你對新公司、新職位有什麼樣的期望？

(2) 對到崗的新員工做調查

- 對公司的招聘過程那些方面比較滿意？
- 那些方面覺得不足？
- 是那些因素最終使你決定來公司工作？
- 還有那些不滿意的因素？
- 你接觸過的招聘工作做得最好的是那家公司？好在那裏？

　　總之，要想在人才大戰中獲勝，需充分認識到對手情報的重要性。你只要時時提醒自己要知己知彼，然後借鑑上述方法，多記錄、多積累就可以了。

心得欄

第八節　對履歷表的分析

　　履歷表的分析測評技術是一項實用的測評技術，它早已得到廣泛的應用。目前，在一些企業中也得到了有效的利用。如果善用履歷分析測評技術將會節省很多的人力、物力和財力。

　　從人才招聘會回來，人力資源部經理看著桌上那堆積如山的履歷有些發愁。公司這次要招聘 8 名新員工，卻收集了五六百份履歷。粗粗地翻了幾份履歷，每個人都將自己描繪得十分出色，從履歷上實在很難挑出誰是真正合適的人才。然而，若要逐一面試，那人力資源部所有的人都來做這項工作也得忙一個星期。採取何種方式才能既便捷又高效地從這批應徵者中選拔出合格的優秀人才呢？人力資源部經理感到十分困惑。

一、招聘工作崗位及要求

公司規模：100～499 人

公司性質：外商

公司行業：電子，通信

招聘崗位：外銷業務員

學歷要求：不限

招聘人數：1 人

工作地點：H 市

二、職位要求

(一)有 1～2 年的外銷工作經驗及市場客戶管理經驗；

(二)良好的語言溝通能力及應變能力，有團隊合作精神；

(三)能夠經常出差並能承受一定的工作壓力；

(四)專業要求為經濟管理類相關專業；

(五)有汽車電子元器件銷售經驗優先考慮。

三、應聘人員信息（略）

四、測評流程

(一)運用簡單計分法給每位應徵者競爭力加分

(二)運用加權計分法給每位應徵者競爭力評分

(三)根據各種方法評分結果確定面試後備人選

五、項目實施

首先，根據職位要求和崗位分析說明，選擇一些與職位最相關的結構要素，建立職位特徵模型，得出該企業外銷業務員的勝任特徵模型為：工作經驗、語言溝通/團隊合作、壓力承受、專業對口、優先條件是否具備等。

其他步驟如下：

(一)運用簡單計分法給每位應徵者競爭力加分

應徵者	A	B	C	D	E
工作經驗	0	1	1	1	1
語言溝通/團隊合作	1	1	1	1	1
壓力承受	1	1	1	1	1
專業對口	2	1	1	1	0
優先條件是否具備	0	1	0	1	1
綜合評分	2	5	4	5	4
處理結果	篩除	進入面試	篩除	進入面試	篩除

(二)運用加權計分法給每位應徵者競爭力評分

應徵者	權重	A	B	C	D	E
工作經驗	5	0	1	1	1	1
語言溝通/ 團隊合作	4	1	1	1	1	1
壓力承受	3	1	1	1	1	1
專業對口	2	0	1	1	1	0
優先條件 是否具備	1	0	1	0	1	1
綜合評分		7	15	14	15	13
處理結果		篩除	進入面試	進入面試	進入面試	篩除

(三)根據各種方法評分結果確定面試後備人選

如果選擇 2 位面試主考官是：B/D

如果選擇 3 付面試主考官縣：為 B/C/D

【思考題】

1. 結合本案例敘述，什麼是履歷分析測評技術？

2. 你認為該公司在招聘時使用履歷分析技術是否有必要？為什麼？如果有必要，你覺得他們的設計是否合理？

3. 你認為履歷分析技術適合應用在面試的那個環節？

第 四 章

通知應徵者來面試

　　企業收到應徵者的簡歷後，初步過濾後，就要電話通知、信函通知對方來進一步面試。

　　通知應徵者來面試，要注意，除非是招聘應聘畢業生，一般來說，應徵者目前均有工作單位，如果給對方打電話直接告訴時間、地點等很多信息，要注意會不會給人家帶來不便？對於到公司的交通路線，是否非常清楚……

　　從事招聘工作的人員不僅是要能夠對應徵者做出正確的評價，還要熟悉招聘的技巧和程序。同時，招聘人員也是公司人力資源的「視窗」、是公司「人格」的延伸，應徵者往往通過招聘人員的表現判斷公司人文環境的優劣。

　　其實，「電話通知面試」並不簡單，這已經是面試的開始了。通過電話中的交流，我們對應徵者會有一個初步的瞭解，同時，應徵者也通過給他打電話的人，對公司有了一個感性的認識。

第一節　電話通知來面試

（一）企業招聘人員的電話通知禮儀

1. 一定不要叫錯應徵者的名字

這是很不禮貌的，試想，若此人日後成為你的上司，他會對你有什麼印象？對於一些拿不準的字，可以事先請教別人，甚至翻翻字典。

2. 選擇合適的面試時間

在安排面試時間時，要考慮到用人部門面試考官是否有充足的面試時間，以及應徵者是否方便。一般來說，週一是個相對繁忙的工作日，諸多例會大都安排在週一，且週一的交通情況也不太好，因此，將面試時間安排在週一，會給應徵者請假帶來不便。

若將面試時間安排在下午，宜將面試開始時間定在兩點以後，要給應徵者的午餐留下足夠的時間，也可避開面試考官午餐後的倦怠期。

3. 注意不要給應徵者現在的工作帶來麻煩

在給應徵者打電話時，請先問問應徵者「是否方便接聽電話」。

4. 到達公司的路線務必熟悉

在給應徵者打電話時，應根據應徵者選擇的交通方式，如乘公共汽車如何倒車，開車走那條路線等，詳細告知路線。

5. 不要怕重覆

因為對於招聘人員來說，很多事情都是固定下來的，會覺得很熟，若換位思考一下，在應徵者比較緊張的情況下，第一次聽到這麼多信息，他是否會記得住？因此，可在結束電話約見前，再將面試的時間、地點重覆一遍，或提醒應徵者將信息用筆記錄下來。

6. 做好回答問題的準備

電話通知面試是雙向溝通的過程，所謂雙向溝通，指的是信息發送者在信息發出後，還需及時聽取回饋意見，必要時還要進行多次重覆與溝通，直到雙方共同明確信息為止。招聘人員在給應徵者打電話通知其面試時，應徵者有時回答說：「我現在外面辦事，待會兒打給您。」或「你們公司做什麼的啊？有網站嗎？等我看完後給你去電吧。」或「明天下午啊？可能我沒時間，能不能後天下午呢？」針對以上回答，招聘人員應有心理準備。關鍵是瞭解公司基本情況、應徵者應聘崗位情況，不要出現一問三不知的現象；對於時間方面的問題，應對應徵者表現出足夠的尊重，儘量照顧到他的時間，但不要忘記再次打電話跟進。

7. 在電話旁放上一杯水

不要用沙啞的聲音跟應徵者說話，你帶給應徵者的信息應是「我們公司的每名員工都是在快樂、盡職地工作」，而不是疲憊不堪的。

（二）電話通知面試的話術

「您好！我是××公司人力資源部。收到您發來的簡歷，希望約您來公司面試，您現在說話是否方便？」

（在得到對方的肯定回答後）「請您在×月×日×時×分，到××××（註：辦公地點，如××路×××大廈），您來的時候請帶上學歷、學位、身份證的原件和影本，一張一寸正裝彩色照片。您到大廈前台後，請先在前台領取一張應聘登記表（如表4-1-1、表 4-1-2 所示），填寫完畢請打電話××××××與我聯繫。如果您有特殊情況不能趕到，也請提前告訴我。」

「您應聘的崗位是××××部××××崗位」。

（正式內容通知完畢後，可以詢問）「您對××××（辦公地點）熟悉嗎？是否能夠找到？」（可以根據情況，告訴應徵者乘車路線；如應徵者無法如期面試，可以暫緩另外約定時間）

再重覆一遍面試的時間、地點，並禮貌地說再見。

表 4-1-1 應聘登記表

申請應聘部門：					崗位：	
人員基本信息						
姓名				血型		照片
性別		民族		出生地		
出生日期	年　月　日		身份證號			
			護照號碼			
黨派			加入日期	年　　　月		
婚姻狀況	1.未婚　　　　2.已婚　　　　3.喪偶 4.離異　　　　5.其他					

檔案所在地：	是否在本公司工作過：
與原單位能否解除工作關係：	檔案關係能否順利調出：
聯繫電話	手機
E-mail	
家庭住址	郵編
目前是否與原單位存在競業禁止協定：	有，會履行相關協定內容；　　沒有
有無親屬在本公司工作（含所有親屬關係，如有隱瞞，一經發現公司有權與您解除關係）	姓名_____　所在部門_____ 與本人關係_____

學歷		信息（僅限高中及以上）		
入學時間	畢業時間	所在學校	所學專業	學歷

續表

工作經歷							
起始年月	終止年月	工作單位	職務	月薪	證明人	證明人與本人關係	證明人聯繫方式

人事活動信息	
現單位類別	1.政府/事業單位（　） 2.外商獨資（　） 3.合資公司（　） 4.民營（　） 5.公務機關（　） 6.海外（　） 7.外籍人員（　） 8.其他（　）
得知本次應聘信息管道	1.網路_____； 2.平面媒體_____ 3.獵頭，請註明獵頭名稱：_____ 4.內部員工推薦（推薦人：_____）； 5.招聘會（社會招聘會、企業招聘會） 6.其他（請註明：_____）

社會關係（範圍僅限父母、配偶、子女）			
與本人關係	姓名	工作單位	聯繫方式

特長愛好	

個人要求（薪酬待遇、工作內容等）

本人保證以上情況屬實。

簽名：
日期：

第二節　其他面試通知方式

　　除了常用的電話通知外，公司還會用到電子郵件、公告欄、手機短信、信函等面試通知方式，下表比較幾種面試通知方式的優劣（如表 4-2-1 所示）。」

　　結論一：從面試通知的方式上來看，電話通知方式還是最常用的，因此，要牢記面試通知話術。

　　結論二：在電話通知面試時，切記電話禮儀，不要冒犯應徵者，說不定，以後他就是我的上司呢。

　　結論三：招聘人員對公司情況、應聘人員崗位要非常瞭解，不要在這方面被招聘人員給問住了；但對於應聘人員問到的工薪等問題，招聘人員要以向應徵者講解公司相關政策為主，不宜直接告訴應徵者具體的工薪數目，因為工薪的確定要經過用人部門經理、人力資源經理的書面確認後，方可確定下來，作為招聘人員不要在未被授權的情況下輕易承諾。

表 4-2-1　面試通知方式比較

通知方式	適用範圍	優點	缺點
電話通知	社會應徵者,非集中、大量通知	較常用,實現了與應徵者的雙向溝通,信息回饋及時,同時,也是一次簡單的電話面試	會佔用招聘人員較多時間
電子郵件	電話通知不到的情況下;或是非重要崗位的面試;需在短時間內通知大量應徵者	快速,省力	單向溝通,招聘人員不能及時收到回饋信息,且不能保證及時通知應徵者。通知的成功率不高
公告欄(電子版或紙版)	多用於招聘大量在校畢業生	快速、省時、省力。借發布面試信息,可再次實現宣傳企業的目的	招聘人員不能及時收到回饋信息,且不能保證及時通知應徵者。通知的成功率不高
手機短信	招聘量大,通知工作量過大	快速、省時、省力	單向溝通,應徵者可能會將其與垃圾短信混淆,影響企業形象
信函	招聘量很小,重要崗位	正式、嚴謹	單向溝通,信息傳遞慢,回饋不及時

第 五 章

面試主考官的準備

第一節　為什麼要做好面試前的準備

　　面試前的準備工作對於面試的成功是至關重要的。做好面試前的準備工作，至少有兩點好處：

　　第一，能夠幫助面試主考官更好的對被面試主考官做出判斷。要想對被面試主考官面試表現做出充分的準確的判斷，就必須熟悉被面試主考官簡歷中的信息，以便切中要害的瞭解一些關鍵性的問題；另外，面試主考官也需要熟知有關的職位要求信息，以便準確判斷被面試主考官與職位要求的匹配性。為了瞭解相關的這些信息，就必須在面試前對簡歷和職位說明等資料進行認真的閱讀和分析，並發現有待在面試過程中澄清的問題。

　　第二，能夠幫助被面試主考官形成對公司的良好印象。被面試主考官心目中的公司形象並不是主要取決於公司的招聘廣告，而是來自於他所實際接觸的公司形象。面試的經歷往往是

被面試主考官與公司的初次接觸，如果他看到公司中員工良好的專業素質、高效率的辦事風格、同事之間和諧的氣氛、言而有信、認真負責，那麼這將勝過任何代價高昂的廣告的說服力與吸引力；反之，如果他一來到公司就受到了冷淡的接待，看到了缺乏專業素質的面試主考官，從面試安排的混亂與不週到中看出了管理上的疏漏，感受到自己並沒有受到充分的重視，那麼，即便這裏有適合他的職位，有豐厚的薪酬，恐怕他想要來這裏工作的願望也大受挫折。由於在面試之前沒有做好準備，可能會失去一些優秀的潛在人才。面試的過程是面試主考官對被面試主考官進行判斷的過程，也是被面試主考官對公司進行判斷的過程。因此，為了在被面試主考官的心目中形成對公司的良好印象，必須要重視面試前的準備。

第二節　電話篩選應徵者

有的時候，當你約了一個應徵者來面談的時候，剛剛談了很短的一段時間，你就發現很顯然這個人不是你所要找的人。因此你頗有點覺得浪費了時間。其實你完全可以事先通過電話將這樣的應徵者篩選掉。在正式面試之前，最好花一些時間進行簡短的電話訪談，為正式的面談做準備。電話訪談主要解決兩個問題：一是確認應徵者的應聘材料和簡歷中的信息，初步瞭解應徵者的職業興趣是否與應聘的職位相符；二是確定與應徵者正式面試的時間和地點。

在電話訪談中，可以側重瞭解以下的一些問題：

- 應徵者是從什麼管道瞭解到公司的？又是如何得知職位空缺信息的？
- 應徵者應聘的原因是什麼？
- 應徵者現在所做的主要是什麼工作？
- 應徵者最感興趣的是什麼工作？
- 應徵者對自己所應聘的工作是如何理解的？
- 應徵者對公司有什麼期望？

除了向應徵者提問之外，也可能允許應徵者提出一些自己感興趣的問題，從應徵者所提的問題中，也可以瞭解他的興趣點和對工作及公司的瞭解程度。一個電話訪談一般持續 10 到 15 分鐘左右。在電話訪談結束時，面試主考官應該對以下問題形成判斷：

- 應徵者是否正確領會了所應聘的工作內容？
- 應徵者表現出對所應聘的工作具有強烈的興趣嗎？
- 應徵者所說的與簡歷和應聘材料中的信息是否相一致？
- 您是否決定對其進行正式的面試？

在電話訪談中，面試主考官應該時刻提醒自己，電話訪談的目的不是要得出是否聘用該應徵者的結論，而是判斷是否有必要對該應徵者進行正式的面試。電話訪談是為了篩選掉明顯不符合要求的應徵者，而並非選拔出勝任的應徵者。

第三節　主考官面試前的準備

　　面試是面試主考官與應徵者就某一特定工作崗位以相互交流信息為目的、判斷應徵者是否符合此職位的會談過程，也是面試主考官評估應徵者是否符合崗位要求的甄選方法，決定著企業能否成功吸引並選聘到合適人員。但是，由於眾多面試主考官欠缺面試前的準備工作，面試前未能進行有效的準備，導致面試評估缺乏針對性和可靠性，從而無法有效地招聘到適合企業的人選。因此，作為一名高效面試主考官，應有計劃地進行面試前的準備工作，以有效地開展面試活動，提升面試的針對性和有效性，增加選聘的準確度。面試前的準備工作包括以下幾個方面：

1. 確定面試目的
　　一般來說，進行一次面試，目的主要如下：
· 選擇人才；
· 吸引人才；
· 收集有關應徵者能做什麼的信息；
· 收集有關應徵者願意做什麼的信息；
· 向應徵者提供組織的相關信息；
· 檢查應徵者對應聘職位的匹配程度。
　　瞭解面試目的能夠有效幫助面試主考官有針對性地開展面試，而不會漫無目的地提問與面試無關的問題，從而達到提升

面試效率的目的。

2. 提前閱讀簡歷

很多面試主考官都有在面試前三分鐘才對應徵者簡歷進行流覽的習慣，接著就開始面試。這樣，由於對應徵者的背景資料不夠瞭解，難免影響面試評估的有效性和公正性。因此，為保證面試的有效進行，面試主考官應該提前對應徵者簡歷進行閱讀，以便充分瞭解應徵者信息。主要包括如下內容：應徵者以前相關的工作經驗及績效表現；以前相關的培訓及教育內容；應徵者的工作興趣；應徵者的職業意圖。

此外，面試主考官在閱讀簡歷時，對於簡歷中的疑點可以作相應的標誌，以便在面試過程中進行更深入的調查。這些應作出標誌的地方包括：

⑴應徵者工作銜接出現空當的原因

面試主考官應該要留意應徵者在兩份工作之間的空當時間，特別是時間超過三個月的工作空當，應作出明顯標誌，並在面試過程中提出詢問，以瞭解其真正的原因，是應徵者本人能力不夠，還是其他原因影響應徵者遲遲未找到新的工作？

⑵經常轉換工作

對於那些在一年中換了三次或三次以上工作的應徵者，面試主考官要加以重視，要在面試時加強留意，瞭解應徵者頻繁換工作的真實目的，並作出判斷：應徵者對於本公司的環境能否適應，而不會匆匆跳槽。

⑶最近培訓進修情況

面試主考官可通過閱讀應徵者的培訓進修記錄，瞭解應徵者的培訓進修情況，從而判斷應徵者是否積極好學，能否以積

極進取的心態學習本專業的知識和技能。對於畢業五年卻從未有過任何培訓進修記錄的應徵者，面試主考官應在面試過程中特別留意。

⑷**上次離職的真實原因**

應徵者為什麼離開原公司？是什麼原因促使他離開原公司？在這些離職的因素中，是否也會出現在本公司？面試主考官通過對應徵者的離職原因進行深層次瞭解，才能較好地判斷該應徵者是否會真心實意留在本公司。

⑸**在上一家公司的工作績效**

應徵者在上一家公司取得怎樣的工作成績？當時什麼情況？條件如何？主要面臨那些問題？應徵者使用了那些資源？他的措施包括那些？這些措施是否有效？本公司能否提供相近條件，以供他創造這些績效？通過這樣的問題設計，可更深入地瞭解應徵者分析問題與解決問題的能力。

⑹**內容前後矛盾或不合常理的地方**

這主要包括應徵者工作經歷時間上的前後矛盾，或其他不一致、不合邏輯的地方，例如應徵者畢業只有半年，卻能在別家公司擔當重要的管理工作崗位等。對此，面試主考官應加以留意，並在面試中進一步詢問。

3.**確定面試方法**

面試主考官應根據應徵者應聘崗位的不同，選擇和開發恰當並且有效的面試方法。一般而言，面試的種類有以下幾種：

4.**確定面試時間**

確定面試時間包括兩個方面，即確定面試時間的長短和安排面試時間。面試時間太短，不能對應徵者進行充分的考查，

從而會影響面試效果；時間過長，又會導致招聘效率低下。所以，應根據職位要求和應徵者的專業水準合理確定面試時間的長短。

面試時間的安排雙方必須事先約定好，約定的時間應該對雙方都適宜。面試主考官應該特別注意計劃好自己的時間，避免與其他重要工作的時間發生衝突。在安排面試時間時要考慮以下幾個因素：

在面試主考官「生物鐘」高峰期面試，這樣能夠提高面試主考官在面試中的注意力，保證面試效果；

當多個職位同時進行面試時，要按類進行面試，這樣既便於對應徵者進行比較，同時也不至於讓面試主考官不停地轉換角色；

面試主考官最好不要一天面試太多的人，這樣會耽誤較多的時間，以致影響其他的工作。

心得欄

第四節　面試前材料的準備

1.《工作崗位説明書》

《工作崗位說明書》是撰寫招聘廣告、編制面試提綱、對應徵者進行評價的基礎和依據。

2.《應聘登記表》

《應聘登記表》中涵蓋了所有公司需要瞭解的應徵者個人信息，比簡歷中的信息還要全面。它對招聘工作來說是非常重要的，如證明人、社會關係、薪資要求等，閱讀這些信息可以幫助面試主考官提高面試結果的預見性；同時，一旦應徵者被錄用，這些信息也將成為員工檔案的一部份。因此，招聘人員應該在面試前要求應徵者填寫《應聘登記表》，以獲取完整的信息。

3.《面試評價表》

一份可衡量的面試評價表（如下表所示）是招聘者進行面試的好幫手，它可以幫助面試考官完整、全面地瞭解應徵者的個人特質、知識技能，作為評判的依據。

面試評價表

姓名：　　　　應聘部門：　　　　　　　　　填表日期：			
面試要素	觀察考核要點 （A：完全符合；B+：比較符合；B：基本符合；B-：不太符合；C：不符合）	人力資源部	用人部門
知識	學歷情況、專業概況、所受培訓與崗位的要求一致		
責任感	回答問題誠實、負責，辦事自信，對以往的工作負責		
進取心	做事主動，努力把工作做好，不斷汲取與工作相關的新知識		
溝通協作	能夠有效傾聽，清晰地表達自己的觀點；願意幫助或協助他人做事、喜歡集體活動，與週圍人和諧相處		
適應性	能夠根據變化採取靈活的應對方式，達到目標		
壓力承受	有耐心、韌勁，在遇到批評、指責、壓力或受到衝擊時，能夠克制、容忍、理智地對待		
自我認知	能夠客觀、正確地評價自己的優勢和不足		
邏輯思維	思路清晰，對事件描述符合邏輯、嚴密、有條理		
工作經驗	以往的工作經驗與目前崗位要求一致		
專業維度			

續表

瞭解項目	家庭背景特點對應徵者無不良影響	
	與原單位關係能夠處理妥當	
	上崗時間符合崗位要求	
	薪資要求或收入現狀(分別註明)	
	離職原因、應聘期望/動機、興趣愛好無異常	
人力資源綜合意見	(基本素質的優劣勢評價)	是否同意試用:
	(背景調查情況)	簽字:
用人部門綜合意見	(專業知識技能的適崗程度的優劣勢評價)	是否同意試用:
		簽字:
部門主管副總意見	(此欄面試公司中級及以上職位及錄用特殊人員時填寫)	是否同意試用:
		簽字:
人力資源主管副總意見	(此欄面試公司中層及以上職位及錄用特殊人員時填寫)	是否同意試用:
		簽字:

擬試用部門:	崗位名稱:

預計到崗時間:
指導人:
工作地點:

4. 相關證書及影本

可以證明應徵者的身份以及以往部份經歷的真實性。

5. 面試記錄表、筆

每天面試大量的人員，僅靠腦子記是記不準的，招聘人員要備好紙筆，不但可記錄得更準確、完整，且可為日後做總結打基礎。

6. 白板筆

有些應徵者在回答問題時，會需要在白板上寫寫、畫畫，以更好地表達。

7. 空白 A4 紙

在面試時，應徵者可能需要畫圖或計算，人力資源部的招聘人員準備幾張 A4 紙，以備不時之需。

8. 紙巾

應徵者在面試過程中，可能會因為緊張而出汗，不免有些尷尬，準備一些紙巾，有備無患。

心得欄

_____

_____

_____

_____

_____

_____

第五節　面試主考官的禮儀

你的服裝往往表明你是那一類人物，它們代表著你的個性。一個和你會面的人往往自覺不自覺地根據你的衣著來判斷你的為人。

1.主考官的髮型

有關研究表明，每個人的髮型都是最先被別人注意到的。如果企業不是一家藝術類的公司，請面試考官們不要將頭髮做得過分前衛，還是要保守、傳統一些，不要染成「突兀」的彩色，如黃色、綠色。不過，最值得提醒的是決不能不修整頭髮，尤其是男士，頭髮很長時間未經修整，有的人甚至頭上滿是頭屑，髒兮兮的只會令人生厭。如果發現頭髮亂蓬蓬的，而又要急著去面試，不妨噴灑一些定型水，當然，這要事先在辦公室準備好。

2.主考官的著裝

灰、白、藍、黑四色搭配出的套裝是比較保險的一種選擇，且永遠不會過時。樣式不要過於花哨、新潮，稍稍守舊一些的款式，恰好能顯出考官的權威，而不是個性。穿套裝裏面配長袖襯衫時，最好在外衣的袖口外露出 0.5 釐米或 1 釐米，這是比較典型的職業和權威的象徵。服裝的質地要好，不要穿廉價的化纖材質的服裝，可以選擇高檔純棉、真絲材質的。如果穿裙裝，千萬不可穿超短裙，一來不方便，也會讓應徵者感到不

自在。

　　男考官在面試時宜穿著合體的、質地上乘的西服套裝或是襯衫加西褲。不要穿合成纖維織物。合成纖維一般有看起來比較便宜的光澤和紋理。合成纖維不像天然纖維那樣筆挺，容易長久保持身體氣味。所以要求穿天然纖維的服裝。

　　如果只穿長袖襯衫，白色或淡色為宜。不要穿帶圖案的或條紋襯衫。由於棉布容易起皺，把襯衣送到專業乾洗店，稍漿一下洗熨乾淨非常必要。不管怎樣，領帶是很重要的。選錯了領帶會使你那昂貴的衣服大打折扣，而合適的領帶能使一般的服裝看上去更好。領帶只有一種可接受的選擇——真絲領帶，因為亞麻的經常起皺，毛的太隨便，合成纖維的不好打結，看上去又很便宜。

3. 主考官的待人接物禮儀

　　公司招聘人員與應徵者之間，應是平等、合作的關係，不要認為應徵者到公司來應聘就是在找工作，找地方掙錢來了。應聘的行為也表達了應徵者對公司的信任，願意為公司效力，實際上也是支持了公司的人力資源工作。因此，招聘人員應真誠、禮貌地對待應徵者。

　　有這樣一件真實的事情，一位應徵者到一座寫字樓挨家挨戶地敲門找工作，都遭到冷眼，唯獨到了一家公司受到了公司招聘經理的接待，雖未被錄用，也感到心裏暖暖的。幾年後，這位招聘經理所在的公司效益不佳，他被迫離開了公司。在一次找工作時，巧遇當年碰到的應徵者，應徵者現在已經是公司的副總了。不用說，招聘經理坐到了公司人力資源經理的位子上。因此，作為企業招聘人員，不要以一種盛氣凌人的態度對

待應徵者。

4. **一些細節**

- 請參加面試主考官將通信設備消音,若非有重要電話,不要在面試進程中接聽;若一定要接聽,也請在面試會議室外接聽。
- 如果面試小組中的決策人物(一般是用人部門的負責人)因事離開面試現場,人力資源部的招聘人員應先暫緩提問關鍵問題,可先問一些諸如愛好等非重要問題。
- 應徵者在等待面試時,應安排接待人員為其倒一杯水。無論應徵者是否進入公司工作,都會記得這「一杯水的情誼」。
- 在一名應徵者面試完畢後,招聘人員需要將下一位應徵者引領到會議室,而不要簡單地用手一指「在那邊」。
- 應徵者進入面試會議室時,面試考官們應儘量起身迎接。
- 如果面試開始的時間遲於預約的時間,應禮貌地向應徵者說:「對不起,讓您久等了。」
- 面試過程中,避免在應徵者簡歷上做記錄。
- 面試結束後,有些應徵者習慣以握手的方式告別,這時招聘人員應禮貌地回應,真誠、有力地與應徵者握手,並向對方致謝。
- 面試考官們在面試的間隙不要說笑,自始至終應尊重應徵者。
- 不可以衣、貌取人。對衣著樸素、相貌平平者,也應以禮相待。即便他不會被錄用,也可能會成為你公司客戶。
- 即便應徵者明顯不符合公司的要求,也不要將他的簡歷

隨意地扔進垃圾筒。可以以電子版的形式存入公司電子人才庫，再將紙質簡歷用碎紙機銷毀，隨意丟棄別人的簡歷，是非常不尊重別人的行為。

第六節　企業面試前的準備

1.回顧職位說明書

對職位的描述和說明是在面試中判斷一個候選人能夠勝任該職位的依據，因此面試主考官在進行面試之前必須對職位說明信息瞭若指掌。在回顧職位說明的時候，要側重瞭解的信息是職位的主要職責，對任職者在知識、能力、經驗、個性特點、職業興趣取向等方面的要求，工作中的彙報關係、環境因素、晉升和發展機會、薪酬福利等。

為了判斷面試主考官是否對職位說明足夠熟悉，可以通過以下幾個問題進行測驗：

- 是否對判斷候選人身上應具備那些重要的任職資格足夠瞭解？
- 是否能夠將該職位的職責清晰的向候選人溝通？
- 能否回答候選人提出的關於職位信息和公司信息的問題？
- 如果你是代表人力資源部的面試主考官，你是否對該職位的薪酬福利標準有足夠的瞭解？

2.閱讀應徵者的簡歷

在面試之前,一定要仔細閱讀被面試主考官的應聘材料和簡歷。這樣做的原因主要有兩點:一是熟悉被面試主考官的背景、經驗和資格並將其與職位要求和工作職責相對照,對被面試主考官的勝任程度做出初步的判斷;二是發現在被面試主考官的應聘材料和簡歷中的問題,供面試時討論。

在閱讀被面試主考官的應聘材料和簡歷時,應該關注那些方面的問題呢?主要有以下一些重要的方面:

(1)流覽外觀與行文

當拿到一份應聘信或簡歷時,首先引起人們注意的就是它的外觀,其次就是文字、語法等方面。在流覽簡歷的外觀時有一些要點,例如,簡歷是否整潔,排版是否美觀,是否有錯別字,在語法、用詞方面是否得當等。如果有一份英文的簡歷,可以看看其英文表達水準。如果有手寫的文字,可以瞭解其書法。可以再看看簡歷的內容組織是否有邏輯性、有條理。一般來說,比較專業化的簡歷都是一到二頁,如果一份簡歷過長或過短都應該引起注意。

(2)注意材料中空白的內容或省略的內容

在候選人應聘時,常常會提供給他們一些現成的應聘表格或簡歷範本,現在越來越多的公司使用標準化的簡歷範本,這樣所有應徵者的簡歷看上去就會包含同樣的內容。因而,很容易發現應徵者的簡歷中有那些欄目是空白的,或者有那些內容被省略掉了。這些內容將會在面試中進一步瞭解。

(3)特別注意與其所應聘職位或行業相關的工作經歷

一般來說,一個人應聘一份工作,都會選擇與自己過去經

歷相關的工作內容。在面試前，面試主考官就應該對被面試主考官在來公司應聘之前曾經在那些有關的單位工作過瞭若指掌。例如，一個應徵者可能曾經在一個競爭對手企業裏做過類似的工作，或者有在這個行業中很著名的一家企業中工作過，這些經歷都應該在面試的過程中進一步瞭解。

(4)思考被面試主考官工作變動的頻率和可能的原因

在一個人的簡歷中最關鍵的部份可能就是他的工作經歷了。在工作的變動經歷中，可以注意該候選人工作變化的頻率如何，是否在很短的時間內（例如不到一年）就更換工作？如果工作變動過於頻繁，就可以作為疑問在面試中提出。另外，可以考慮一下該候選人每次變動工作的原因是否合乎情理，找出工作變化動機中的疑問，例如，從一家知名企業換到一家小公司，工作單位變了但工資沒有變化甚至下降；所從事的工作領域發生變化，從做技術轉向做人事；等等。關於工作變動的動機也是面試中要提問的重要問題。

(5)注意應徵者工作經歷中時間上的間斷或重疊

有的時候，一個應徵者從一家公司離職的時間和到下一家公司就職的時間之間會有一個間隔，那麼，這段間隔的時間應徵者在做什麼應該是面試主考官關心的問題。另外，有的應徵者的工作經歷中有時間上的重疊，例如，一個人在 1995 年 4 月到 1997 年 8 月之間既在一所學校教書，又在一家公司工作，那麼這也需要在面試的過程中進行澄清。

(6)審視候選人的教育背景及其與工作經歷的相關性

對相當多的人來說，所從事的工作是與學校所學的專業相關的。但也會發現有些人所從事的工作與自己所學專業沒有直

接的關係，或者在最初離開學校時從事的是與專業相關的工作，但後來變換成與原來所學專業不太相關的工作。因此，發現這些問題就需要在面試時加入相關的問題，詢問被面試主考官在選擇職業和職業生涯發展方面的考慮。

(7)注意被面試主考官對薪酬的要求

在被面試主考官的應聘材料中，還應該特別關注其目前的薪酬狀況以及他對薪酬的期望值。可以將他所期待的薪酬與該職位所能提供的薪酬水準做比較，在面試中與他討論這方面的問題。

此外，在流覽簡歷與面試材料時，還應特別關注其中前後不一致的地方和難以理解的地方，在這些地方做下標記，以便在面試中提問和尋求答案。

第七節　準備面試的場地和面試題目

面試雙方必須事先約定好時間，約定的時間應該是雙方都可以將此時間全身心的投入到面試中的時間。因此，面試主考官應該特別注意計劃好自己的時間，為面試留下充足的時間，避免面試的時間與其他重要工作的時間發生衝突。

應該選擇什麼樣的面試環境，這一點也是很重要的，因為環境因素也會影響到被面試主考官的行為表現。

面試的環境首先必須是安靜的。在一些大型的人才交流會上，許多人都會擠到一些大公司的展位前參加面試。這時所進

行的面試，嚴格來說不是面試。因為應徵者與用人單位的負責
人只能匆匆見面，匆匆分手，這時的面試所起的作用充其量只
能是獲得一些初步的信息，而對應徵者的能力、專長和個性等
方面特徵都沒有瞭解。因此，在面試開始之前應首先為被面試
主考官創造一個可以接受的寬鬆氣氛。

　　很多面試主考官喜歡選擇自己的辦公室做為面試場所。當
然，辦公室是一個較好的面試場所，但必須要注意在辦公室中
面試經常會遇到意外的電話、工作方面的事情干擾等等，因此
要特別注意避免意外的打擾。此外，一些小型的會談室也是不
錯的面試場所。

　　在面試的環境方面，值得注意的一個問題是面試中面試主
考官與被面試主考官的位置如何安排。

　　下面是幾種安排座位的方式：

圖 5-7-1　面試中面試主考官與被面試主考官的位置排列

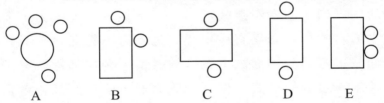

A　　　　　B　　　　　C　　　　　D　　　　　E

　　A 為一種圓桌會議的形式，多個面試主考官面對一個被面
試主考官。

　　B 是一對一的形式，面試主考官與被面試主考官成一定的
角度。

　　C 是一對一的形式，面試主考官與被面試主考官相對而
坐，距離較近。

　　D 是一對一的形式，面試主考官與被面試主考官相對而

坐，距離較遠。

E 是一對一的形式，面試主考官與被面試主考官坐在桌子的同一側。

究竟採用那一種位置最好呢？

在面試中，如果採用 C 這樣的形式，面試主考官與被面試主考官面對面而坐，雙方距離較近，目光直視，容易給對方造成心理壓力，使得被面試主考官感覺到自己好像是在法庭上接受審判，使其緊張不安，以致無法發揮出其正常的水準，當然在想特意考察被面試主考官的壓力承受能力時可採用此種形式。

像 D 這樣的形式，雙方距離太遠，不利於進行交流，同時，空間距離過遠也增大了人們的心理距離，不利於雙方更好地進行合作。

如果採用 E 這樣的形式，面試主考官與被面試主考官坐在桌子的同一側，心理距離較近，也不易造成心理壓力，但這樣面試主考官的位置顯得有些卑微，也顯得不夠莊重，而且也不利於面試主考官對被面試主考官的表情，姿勢進行觀察。

採用 A 這樣的形式，排列成圓桌形，使被面試主考官不會覺得心理壓力太大，同時氣氛也較為嚴肅。

採用 B 這樣的形式，面試主考官與被面試主考官成一定的角度而坐，避免目光過於直射，可以緩和心理緊張，避免心理衝突，同時也有利於對被面試主考官進行觀察。

因此，建議在通常情況下最好採用 A、B 這兩種位置排列來進行面試。

在面試之前，面試主考官需要準備一些基本的問題。當你

回顧了職位說明之後，就會對職位的職責和任職資格有所瞭解，並且會考慮到該職位所需要的主要能力。那麼，就可以準備一些用來判斷被面試主考官是否具備職位所要求的能力的問題。另外，你已經看過了被面試主考官的簡歷和應聘資料，一定會對其中的某些部份感興趣，那麼不妨準備一些有關被面試主考官過去經歷的問題。

這些基本的面試問題不宜過多，五、六道即可。而且，這些問題最好是開放性的問題，能夠讓面試主考官從被面試主考官的回答中引發出更多的問題。仔細傾聽被面試主考官對這些問題的回答，可以找到很多值得進一步追問的問題。

心得欄

第 六 章

面試步驟與原則

第一節　要考查應徵者的禮儀

　　諾基亞的一位人力資源經理曾給應徵者一句忠告：「注重第一印象，給人留下第一印象的時間只有 7 秒鐘。」這句話很有道理。作為面試主考官，從應徵者給人留下的第一印象中捕捉他內心真實的一面很關鍵，因為面試對於應徵者來說是很重要的事情，在面試中他一定會隱藏自己不好的一面，只展示好的一面。要挖掘出應徵者刻意隱藏的東西，就要看應徵者的禮儀了，因為禮儀最能體現一個人的修養。

　　禮儀主要包括穿著、儀態、禮節三個方面。

　　1. 穿著

　　面試是一項商業活動，除了那些藝術類職位，應徵者應該穿給人感覺乾淨、整潔、簡單的服裝。男性一般要穿西裝或是襯衣，女性應該穿職業套裝。另外，髮型也能顯示出一個應徵者的修養。面試時對髮型可以按如下要求：第一，要頭髮整齊，

留任何奇異髮型都會暴露出此人對招聘並不重視；第二，把頭髮染成誇張顏色的人太過張揚，可能在團隊合作時存在隱患；第三，懂禮貌的應徵者會在進入面試場所後摘下帽子，不摘帽子的應徵者說明修養欠佳。面試者的穿著還要符合他的身份，比如說應屆大學生可以穿得適當活潑休閒一些，而面試高級職位的人不能穿得太隨便等。

2. 儀態

儀態能體現一個人現在的心境。應徵者在面試時應該落落大方，談笑自若，這樣的應徵者心態正常，在工作中也會發揮正常水準。考查應徵者儀態時重點在於應徵者交談時的眼睛和手腳，應徵者的眼神應該均勻地在各位面試主考官中掃動，只看一位或是不看任何一位都是不禮貌的表現，還可能暴露出應徵者的膽怯；應徵者的坐姿應該端正，男生雙腿叉開是自信的表現，女性則截然相反；應徵者的神態自始至終都應該平和，波瀾不驚，情緒過於亢奮的人一般都很膚淺。

3. 禮節

禮節能體現一個人基本的修養，也在一定程度上反映了一個人的能力和潛力。有的企業在面試時會專門在應徵者不知道的情況下，讓面試主考官去休息區觀察應徵者的行動，有沒有吸煙？有沒有隨便動眼前的資料？有沒有補妝？等等，以此來考核應徵者的禮儀。

下面是一些基本的禮儀，對一般的人才招聘來說，這些禮儀是應徵者需要具備的。

(1)提前 10 分鐘到達面試地點。

(2)進公司之前，要確認著裝整潔。

⑶回答簡潔明瞭。

⑷關掉手機，表明應徵者對這次面試談話的重視。

⑸嚴禁吸煙，即使在接待室設有煙缸。

⑹進門的方法。

進入面試室的時候，先敲兩三下門，聽到「請進」後，要回答「打擾了」，再進入房間。進入房間後，轉過身輕輕把門關上，門關上後轉過身稍微頷首並問候：「您好。」

⑺經過面試主考官的允許再就座。

⑻面試時除去必要的肢體語言，儘量保持正坐，手平放在膝蓋處。

⑼交談時要注視著對方。

⑽面試結束後，站起身道謝，然後拿好隨身攜帶的物品。如果關門的話，在出去之前要轉向屋內，邊點頭邊轉過身輕輕地退出面試室，並確認門已關上。

心得欄 _____

_____

_____

_____

_____

_____

第二節　面試官的執行面試工作

1.面試步驟

正規的面試包括五個步驟：準備、建立和諧氣氛、提問、結束面試、回顧面試。

2.面試前和諧氣氛的建立

一場輕鬆、自然的面談，可以使應徵者發揮真實水準，使公司招聘到真正合適的人才。所以，在面談開始前招聘人員要設法使自己及應徵者放鬆。

面試主考官首先自己要放鬆。曾經看到過這樣一個笑話：手術室裏的病人在手術即將開始前，卻從手術室走了出來。別的大夫勸慰病人說：「沒關係，你這只是個小手術，你不要怕。」病人無奈地說：「那裏，是做手術的大夫嚇跑了，我正在找他呢。」

作為招聘面試主考官，尤其是新手，一定要表現得鎮定自若，如果比應徵者還緊張，那可真是笑話了。

⑴身心準備

面談前 15 分鐘，結束其他工作，去趙洗手間，整理一下衣裝，做深呼吸。

⑵再次熟悉應徵者的簡歷

取出應徵者的資料，翻看一遍，不要強逼自己記憶，只需記住姓名，便足以順利地打開話匣。

⑶ 溫習考察重點

看看《面試評價表》，溫習在面談中需瞭解的各個維度。準備紙、筆、名片。

請在面試前準備兩支筆及一些紙張，並準備好自己的名片，應徵者可能會索取。

⑷ 自我鼓勵

開始面談前，心中默念一遍：「我已準備好了。」向自己微笑，然後大步走向面談會議室。

一般而言，應徵者會比招聘人員更為緊張，一些不善於控制自己情緒的人，表現會因此而大大地失準。招聘人員也許以為，他看看應徵者如何在面對陌生人的壓力下做出反應，會有利於瞭解其日後的工作表現。但實際的情況是，公司中只有很少數崗位的工作，是要求員工在陌生人面前有敏捷得體的反應，大多數工作都會與「處變表現」無關。所以為了較為準確地評價應徵者的日常工作表現，招聘人員應千方百計令他感到舒服自在，從而漸漸適應面談的氣氛，將自己的真實才能發揮出來。

應徵者到公司後，一般是人力資源部的招聘人員將其領到招聘地點。在走向招聘會議室的過程中，招聘人員可以幫應徵者消除緊張的情緒，問一些「路上還順利吧」，「在那裏看到我們公司招聘信息的」等問題，幫助應徵者放鬆下來。

令應徵者放鬆的工作，應在面談開始前，而非在面談過程中運用，否則應徵者方寸已亂，要重新鎮定下來並非易事。下面簡單列出一些方法，可協助應徵者放鬆自己：

通知應徵者來面談時，除了要清楚說明日期、時間及地址

外，還要說明：向誰報到、帶什麼證明文件、附加資料、公司的聯絡電話，並重申他應聘的崗位名稱。同時，招聘人員還要預先通知前台，應徵者會在何時到達，應安排在何處等候。預訂一間會議室，讓應徵者靜靜地等待，不會被其他訪客及同事騷擾。如果需要應徵者在面談前填寫資料表或接受技術性測驗，必須預留充分時間及準備有效的文具。

招聘人員見到應徵者時，談一些放鬆的話題，如來公司的時候路況如何等。徵求應徵者的同意，為其倒一杯水。不要讓應徵者等候時間超過 15 分鐘。

若招聘人員希望將面談過程錄音或錄影，必須先行告知應徵者，並徵得同意後方可實施。

面談結束後，招聘人員應將應徵者送離公司，一方面表示禮貌，另一方面可防止其在公司裏滯留，或與尚未接受面試的其他應徵者溝通。

有些應徵者因為路線不熟等原因，會匆匆忙忙趕到面試地點，這時，招聘人員不妨讓下一名應徵者先面試，讓這位應徵者先休息一下，穩定一下情緒。

第三節　面試過程的步驟

　　通常面試的程式，是人力資源部門的初步面試，把握應徵者的基本素質，接著由專業的部門經理把握應徵者的專業能力，重要的崗位以及經理級人選一般再加一道或兩道面試程序，由高層主考官面試。那麼，作為一名高效面試主考官，該如何面試應徵者呢？具體來說，可以採取以下步驟：

　　1.聊

　　這一步是由面試主考官來聊，聊的是與招聘職位相關的內容，大概時間為三分鐘。

　　面試主考官這時應把公司的大致情況以及公司的發展前景簡單作一描述，因為公司的發展變化需要增加新的人才加盟，這樣順理成章地把要招聘人員的原因及重要意義敍述了出來。接著可以具體敍述招聘的新人需要做些什麼，做到什麼程度，甚至可以說出做到什麼程度公司會給出什麼待遇等。

　　總之，作為一名高效面試主考官，應在最短的時間內把公司現狀及發展前景和招聘崗位的相關要素非常連貫地告訴應徵者，整個敍述過程也就兩三分鐘時間。通過這樣的聊，雖然不用發問，應徵者也會立即產生共鳴，圍繞面試主考官所聊的主題，展開下一步的闡述，這樣能夠最大限度地節省面試時間。如果一上來就問，或問的問題很大，應徵者常常不知道該說些什麼，於是只能是根據自己的理解漫無目的地說，結果是，說

了很多，卻沒有面試主考官想要聽的，浪費了雙方的時間。

　　為什麼面試主考官要採用聊的形式呢？聊和說不一樣，聊是兩個人或少數幾個人之間的非正式談話交流，聊是在小範圍內輕鬆民主的氣氛中進行，顯得十分自然、輕鬆愉快，讓應徵者放鬆後易於發揮出真實水準。如果過於嚴肅，應徵者會感覺到你特別假，甚至感到反感。

　　2. 說

　　這一步是應徵者說，說自己和應聘職位有關的內容，時間大概也為三分鐘。這一過程雖然面試主考官什麼問題也不問，什麼要求也不提，但是當應徵者聽完面試主考官的簡單介紹之後，會立即反應出與面試主考官所聊的內容相關聯的東西，並把自己最適合招聘職位的、關聯度最高的內容有選擇性地、用自認為最恰當的方式表述出來。

　　應徵者用說這一表達方式，是由應徵者和面試主考官的心理狀態不對等以及信息不對稱造成的，應徵者通常都急於展示自己與應聘崗位相宜的才能與品質，處於表現自己的心理狀態，所以不可能平靜地聊。假如應徵者可以和面試主考官輕鬆地聊，則說明應徵者的心理素質特別好，或者心理優勢特別明顯，這通常都是久經職場的高級別經理人才具備的。

　　這一過程中最關鍵的部份就是應徵者的這段演說，因為面試主考官可以從中看出應徵者的基本內涵、從業經驗和資源背景，最重要的是瞭解到應徵者的知識總量、思維寬度、速度、深度以及精度，語言組織能力，邏輯能力，概括總結能力，化繁為簡能力，應變能力等，而這些都是在簡歷、筆試和測試中體現不出來的。即使在前期翻閱簡歷時應徵者的經驗、資歷和

背景面試主考官都看過了，但看他寫的和聽他說是兩個完全不同的測試角度。一名高效面試主考官根據應徵者上述三分鐘的陳述演說，基本上就能作出一個八九不離十的判斷。

如果是一問一答式面試，太過簡單機械化，根本就不會產生上述面試效果。因為一問一答審犯人式的教條面試，面試主考官和應徵者雙方都會感覺氣氛緊張，都會覺得既處於進攻狀態又處於防守狀態，雙方的心理活動處於對抗狀態，而不是處於合作狀態。試想一下，如果雙方均處於相互不合作狀態，怎麼會產生好的面試效果呢？因此，面試的藝術在於面試主考官能否把應徵者當時的心理活動和自己的心理活動有機地協調一致，使雙方處於良性互動狀態，而不是對抗和矛盾。

所以，當應徵者在作這三分鐘的演說時，作為面試主考官，應認真聽，並不時給予微笑式的鼓勵和肯定，最好不要輕易地打斷應徵者的陳述。否則會造成兩種不良後果：一是中斷應徵者陳述的主題思路，他會順著你的新問題而偏離原來的思路，從而丟掉原來準備好的與應聘崗位有關的重要內容；二是延長面試時間，並增加面試成本，進而會影響到後面其他面試者的約定時間，最終延遲整體面試時間並造成不必要的浪費。

3.問

這是由面試主考官發問，要問重點內容和產生疑點的地方。問也要講究方式，做到剛柔相濟最好。

作為一名高效面試主考官，無論如何都要耐著性子認真聽完應徵者的陳述，如果應徵者在三分鐘左右的陳述時間過後仍喋喋不休，這時面試主考官可以通過看表等形體語言或善意地提醒應徵者儘快結束陳述。

　　當應徵者陳述結束後，面試主考官應主動發問，問的內容不要是那些老生常談的話題，簡歷中已有答案的話題不要問，筆試中以及剛才的三分鐘陳述中已敍述清楚的話題也不要問。否則會引起應徵者的不滿，比如「我的簡歷中已經寫了」、「我剛才好像說過了」等，從而使面試氣氛變得尷尬。

　　那麼究竟應該問那些內容呢？主要有以下內容：面試主考官應該瞭解但在簡歷和筆試以及在三分鐘陳述中一直沒有敍述出來的問題；應徵者在陳述中和簡歷中自相矛盾的地方；應徵者陳述的事實以及簡歷中反映出來的內容與應聘職位不符合的地方。總之，應就應徵者自身矛盾的地方來問問題，看應徵者作何回答。那麼這些問題如何發問呢？其語氣方式也要因人而異，對性格直爽開朗的應徵者可以問得相對直接一些，對內向的人可以適當委婉一些，但無論如何都要注意不要攻擊應徵者，傷害應徵者或者以教訓的口吻對待應徵者。不論怎麼問，問題都應該要柔中帶剛，曲中顯直。只有問到關鍵和矛盾上，才能起到面試的效果。因為這樣能夠補充需要瞭解的關鍵信息，同時對矛盾問題的回答可看出應徵者的應變能力和答辯能力，以及能力之外的諸如誠信問題和問題後面的問題。

　　4. **答**

　　當面試主考官點到應徵者的痛處時，這時他的回答才是關鍵，俗話說得好：高水準的問，才有高水準的答。到這一步，算是進入了面試的高潮。應徵者處理矛盾的水準的高低和有無藝術魅力，全在這簡短的回答中體現出來，雙方的正面交鋒這時候才真正開始。如果應徵者問題回答清楚了，可以接著問下一個問題；如果問題有破綻可以就這個問題繼續追問；如果應

徵者被問得局促不安或滿頭大汗，說明應徵者在這個問題上可能有問題或有難言之隱。作為一名高效面試主考官這時候就不要窮追不捨，應適當換一個輕鬆的話題給應徵者一個台階下，記住此時雙方是平等的，是相互選擇的。面試主考官不是法官，也不要做法官，只要瞭解問題在那兒就行了。

在實際問答中，應徵者在回答面試主考官的問題後也會主動反問面試主考官，而應徵者問的問題通常都是關係到所應聘職位的薪水、待遇、休假方式以及作息時間、業務程序，或者崗位之間的關係以及公司背景和競爭對手的競爭性等。面對應徵者的反問，作為面試主考官應該正面實事求是地回答，但是可以將回答藝術化。和應徵者相互之間的問答，總體時間掌握在四分鐘之內。

以上四個步驟，作為一名高效面試主考官，面試一位應徵者的總計時間應掌握在十分鐘左右。時間短了，面試不出效果來；時間過長，不僅加大面試成本，而且反而會降低面試效果。當然，對明顯不適合的應徵者，可以在五分鐘之內結束面試，但也要注意方式，要客氣、禮貌。

心得欄

第四節　企業的面試流程

面試工作可以分為這樣幾個流程：

確定即將面試的職位，從而確定面試主考官→根據考官人數複印簡歷→通知面試→確定面試時間→正式面試開始前的工作→面試過程→面試結束後的送客過程→（如果錄用）通知入職→（未被錄用）辭謝信或辭謝電話。

1. 確定即將面試的職位，從而確定面試主考官

一般來說，如果招聘的崗位是普通員工，那麼面試主考官就是兩個人，即用人的直接經理以及人力資源招聘專員；如果招聘的崗位是主管或部門副經理，面試主考官考評順序為：人力資源經理及招聘專員-用人部門主管及人力資源經理；如果招聘部門經理及以上級別人員，面試主考官考評順序為：人力資源經理及該部門主管（高管級別）-人力資源經理及招聘專員進行素質考核-兩位以上公司高管面談-決定是否錄用。

只有明確了崗位，才能配備合適的面試主考官，以最科學的手段對應徵者進行考核。

2. 根據考官人數複印簡歷

這個不必多說，自然是要根據考官人數複印簡歷了。不過要說明一點的是，在這裏需要對應徵者簡歷的格式統一化——每個公司都有自己格式的人才信息庫，需要把應徵者簡歷中的信息按照自己的格式入庫。

3. 通知面試

一般來說,「確定面試時間」會在「通知面試」後面。這是因為應聘的人也許此時還在職,作為企業不能光考慮到自己的便利,也要考慮到應徵者的時間是否允許。因此在每次通知面試的時候都應該問應徵者什麼時間方便,然後再根據企業初定的面試時間相協調。

通知面試其實也是對應徵者的初步篩選過程,因此不僅僅是簡單地告訴應徵者何時到何地面試,而是在通知面試的時候對應徵者就一些與崗位相關的初級問題進行簡單詢問,如果有明顯感覺與企業要求不符合的,就可以直接拒絕,節省彼此的時間。

當然,除了以上這些,在通知面試的時候還有很多可以做的事情,比如說,語氣應當儘量的親切,因為此時面試主考官代表的不是自己,而是所在的企業在這位應徵者眼裏的第一印象。面試主考官應當留給應徵者一個固定電話號碼,以便他在有問題時可以及時和企業取得聯繫。

4. 確定面試時間

通過對應徵者在電話中的詢問回答情況,來確定他要不要進入下一輪的面試,並確定合適的面試時間。

5. 正式面試開始前的工作

這裏所說的正式面試開始前指的是應徵者已經到公司以後面試主考官要做的工作。應徵者來公司,有的是從家裏來,有的是從單位來,路途遠近各不相同。也許他們到公司的時候還是氣喘吁吁。如果在這個時候面試,不但應徵者會給面試主考官留下不好的印象,也有可能會讓公司因此流失掉一位合適的

員工。

　　所以，每次面試的時候應該先讓應徵者到應聘地點報到，由專人給他安排一個可以休息幾分鐘的地方，並給他倒上一杯溫度合適的水，讓他調整好自己的狀態。有的面試主考官也會在這一過程中考查應徵者待人接物的方式，或是通過分析應徵者在休息時彼此的聊天內容來對應徵者進行秘密考查。

　　6. **面試過程**

　　在這個過程裏，面試主考官要根據面試的內容把握好自己的位置。如果是單獨面試，就要儘量地詢問清楚；如果是輔助用人部門進行面試，就要做好介紹、觀察、記錄的工作。

　　介紹——應當在應徵者到達公司，並且稍作調整後將應徵者帶到面談室，然後把用人部門主管請過來（如果是高管級人員面試，則應當在高管的辦公室中進行）。應當先向應徵者介紹主管，然後再向主管介紹應徵者（一定要先說職位，再說全名）。

　　觀察——對應徵者的表現進行觀察，其間要用到一些心理學方面的知識。

　　記錄——對應徵者的回答進行翔實客觀的紀錄，以便在面試結束後進行進一步分析。

　　7. **面試結束後的送客過程**

　　面試結束後，應當先請主管或用人部門主管離開，然後對應徵者到公司來面試表示感謝，之後將應徵者送到電梯間或門口，並目送他離去。

　　8. **（如果錄用）通知入職（略）**

　　9. **（未被錄用）辭謝信或辭謝電話**

　　如果應徵者未被錄用，也應當理解他們焦急等待結果的心

情，所以應當在確定不予錄用的第一時間給應徵者發送辭謝信或辭謝電話，對他們表示感謝，並且對於不能達成合作表示惋惜。

第五節 面試的形式

1. 按照性質

⑴傳統面試

傳統面試採用個人面試形式，即只有一位面試主考官來進行面試工作。這種情況多發生在一些沒有集中招聘計劃的企業中。也就是說，此類面試只針對一名，或者為數不多的幾名應徵者。一般來說，當企業通過篩選簡歷或是電話面試後，基本確定接受此應徵者時，可以用此方法來對應徵者進行進一步核實。

⑵淘汰面試

這種類型的面試以淘汰應徵者為目的，通常提一些一般性的問題，用以評價應徵者。淘汰面試的目標非常單純，就是要挑選出符合應聘條件的應徵者，推薦給錄用部門的經理，並將最後評價權交給部門經理。面試主考官主要問一些與職位相關的問題，以確定應徵者是否具備候選資格與能力。這個面試合格後，應徵者即取得了候選資格，但是還有一個決定是否被錄取的過程，其決定權在於部門經理。在一些人事制度完善的企業中，部門接受新進員工必須要經過部門經理的簽字。

　　淘汰面試的面試主考官在整個面試過程中的作用很大，因為你必須善於發現不推薦應徵者進入第二次面試的理由，也就是說，你掌管著應徵者的「生殺大權」。

2. 按照面試方式

⑴ 個人面試

　　顧名思義，就是只有應徵者一人來面對面試主考官來進行相關測試，個人面試是當下最常見的一種面試形式。

　　個人面試又有兩種情況，一是只有一個面試主考官負責整個面試的過程。這種面試大多在較小規模的單位錄用較低職位人員時採用。二是由多位面試主考官參加整個面試過程，但每次都只與一位應徵者交談。

　　個人面試的優點是能夠提供一個面對面的機會，讓面試雙方較深入地交流。一旦通過，一般可以參加小組面試。

　　經過小組面試和小組討論，從中即可篩選出參加最終面試的應徵者。最終面試會再次出現個人面試的情況。這時可能會有五六位面試主考官，也許還會有更多的面試主考官參與進來，向應徵者提出各種各樣的問題，面試時，全部是陌生的面試主考官。面對這樣的場面和氣氛，如果應徵者不能做好心理準備，到時便沒辦法沉著冷靜、應答自如。然而，無論那種場合，個人面試所要謀求的是面試主考官盡可能地挖掘出應徵者的真實內涵，通過交談，相互進行瞭解，應徵者的目的是想方設法讓對方接納自己，這是應徵者回答問題的出發點和根源所在。

⑵ 集體面試

　　集體面試主要用於考查應徵者的人際溝通能力、洞察與把

握環境的能力、組織領導能力等。在集體面試中，通常要求應徵者作小組討論，相互協作解決某一問題，或者讓應徵者輪流擔任領導主持會議、發表演說等，從而考查他的組織能力和領導能力。

無領導小組討論是最常見的一種集體面試方法。所有面試主考官坐在離應徵者一定距離的地方，不參加提問或討論，通過觀察、傾聽為應徵者進行評分，應徵者自由討論面試主考官給定的討論題目，這一題目一般取自於擬任崗位的職務需要，或是現實生活中的熱點問題，具有很強的崗位特殊性、情景逼真性和典型性及可操作性。

3.按照進程

⑴一次性面試

一次性面試，是指用人單位對應徵者的面試集中於一次進行。在一次性面試中，面試主考官的陣容一般都比較「強大」，通常由用人單位人事部門負責人、業務部門負責人及人事測評專家組成。在一次性面試情況下，應徵者是否能面試過關，甚至是否被最終錄用，就取決於這一次面試表現。面對這類面試，應徵者必須集中所長，認真準備，全力以赴。

⑵分階段面試

分階段面試又可分為「按序面試」和「分步面試」兩種。

按序面試一般分為初試、復試與綜合評定三步。初試一般由企業的人力資源部門主持，將明顯不合格者予以淘汰。初試合格者則進入復試，復試一般由用人部門主管主持；以考查應徵者的專業知識和業務技能為主，衡量應徵者對擬任崗位是否合適。復試結束後，再由人力資源部門會同用人部門綜合評定

每位應徵者的成績，確定最終合格人選。

　　分步面試一般是由用人單位的主管以及一般工作人員組成面試小組，按照小組成員的層次，由低到高的順序，依次對應徵者進行面試。面試的內容依層次各有側重，低層一般以考查專業及業務知識為主，中層以考查能力為主，高層則實施全面考查與最終把關。實行逐層淘汰篩選，越來越嚴。

4. 按照面試形式

⑴ 常規面試

　　常規面試是指面試主考官和應徵者面對面，以問答形式為主的面試。面試主考官提出問題，應徵者根據面試主考官的提問作出回答，以展示自己的綜合素質。在這種面試條件下，面試主考官處於主動提問的位置，根據應徵者對問題的回答以及應徵者的儀表儀態、身體語言、在面試過程中的情緒反應等對應徵者的綜合素質狀況作出評價；應徵者一般是被動應答的姿態，不斷地被面試主考官觀察、詢問、剖析、評價。

⑵ 情景面試

　　情景面試是面試形式發展的新趨勢。在情景面試中，突破了常規面試即面試主考官和應徵者一問一答的模式，引入了無主管小組討論、公文處理、角色扮演、演講、答辯、案例分析等人員甄選中的情景模擬方法。在這種面試形式下，面試的具體方法靈活多樣，面試的模擬性、逼真性強，應徵者的才華能得到更充分、更全面的展現，面試主考官對應徵者的素質也能作出更全面、更深入、更準確的評價。

　　在情景面試中，應徵者應落落大方，自然和諧地進入情景，去除不安和焦灼的心理，只有這樣，才能發揮出最佳效果。

5.其他面試形式

⑴餐桌面試

餐桌面試，就是應徵者會同該企業各部門的主管一起用餐，席間大家與應徵者一邊吃一邊談。餐桌面試一般用於測評高級或重要職員時使用。這種面試易於創造一種親和的氣氛，讓應徵者減輕心理壓力，以便能真實地反映應徵者的素質；同時也可以在特定情境中，全面考查應徵者對社會文化、風土人情、餐桌禮儀、公關策略、臨場應變能力等真實情況。

⑵會議面試

會議面試，就是讓應徵者參加會議，就會議的議題展開討論，確定方案，得出結論。這種面試內容通常就某一具體案例進行分析處理，從中可以比較直觀、具體、真實地體現其實際應用知識的水準和能力。會議面試主要考查應徵者分析問題，解決問題的能力，從中可以考查其知識水準、思維視野、分析判斷、應用決策等素質。

⑶問卷式面試

顧名思義，就是運用問卷形式，將所要考查的問題列舉出來，由面試主考官根據應徵者面試中的行為表現對其特徵進行評定，並使其量化。它是面試中常用的一種方法，它的優點在於把定性考評與定量考評相結合，具有可操作性和準確性，避免了憑感覺、模糊地主觀評價的缺陷與不足。

⑷引導式面試

引導式面試，主要由面試主考官向應徵者徵詢某些意見、需求或獲得一些較為肯定的回答。如涉及薪金、福利、待遇和工作安排等問題大多採用此類方法面試。引導式面試其特點在

於就「特定」的問題要求作「特定」的回答，主要通過應徵者回答問題的水準來測試其反應能力、智力水準與綜合素質。

⑸非引導式面試

與引導式面試相反的是非引導式面試。在非引導式面試中，主考官所提的問題是開放式的，內涵豐富，涉及面較廣泛。主考官提問後，應徵者可以充分發揮，儘量說出自己的意見、看法或評論。它沒有「特定」的回答方式，也沒有「特定」的答案。同引導式面試相比，非引導式面試，應徵者可暢所欲言，因此可以取得較豐富的信息，有利於作出較為客觀的評價。

心得欄

第 七 章

面試的題庫

第一節　面試題的編制原則

　　無論那一種類型的面試，都有其作為面試這一測評手段的共性的東西，正是這些內在的共性特質決定了面試在試題編制和設計上，必須普遍遵守的原則。歸納起來，主要有以下 5 項原則。

1.思想性原則

　　要求所出題目應具備一定的思想性，即題目內容應選取現實生活工作中富有教育意義的熱點問題，避免低級、庸俗、無意義的不健康內容。

2.針對性原則

　　要求所出題目一方面針對崗位特點，反映出擬任崗位所要求的典型性、經常性和穩定性的內容；另一方面要針對考生的來源和背景情況，選擇考生熟悉的話題。

3. 延伸性原則

要求題目的形式和內容都應具有一定的靈活性，一方面為面試順應性提問留有餘地，也給考生的思維留有空間，激起考生的積極性；另一方面，題目的靈活性也有利於形成面試所需的融洽氣氛，使題目間相互聯繫，形成面試的有機整體。

4. 確定性原則

要求所出題目應針對一項或幾項測評要素，同時還要附有明確的出題思路和評分標準。

5. 鑑別性原則

要求所出題目既要有一定的難度，又要具備一定的鑑別力，即題目難易適中，能將在同一要素上處於不同水準的考生區分開來。

第二節　各類面試問題的撰寫

按面試試題的內容來分，可分為以下幾種類型。

1. 背景性題目

背景性題目是用於初步瞭解考生的志向、學習、工作等基本背景，並為以後提問收集話題的問題類型。問題特點是讓每位考生都有話可講，且能自由發揮，使考生輕鬆、自然地進入面試情境當中，同時也能考察考生的語言表達能力和求職動機。

例 1：請你用兩三分鐘的時間簡單介紹一下你自己的基本情況。

例 2：你對自己要達到的事業目標有什麼設想嗎？為此你做過那些準備？

2.知識性題目

知識性題目是通過考生對某方面知識的回答，瞭解其對這方面知識掌握的程度以及其知識面。這類問題涉及的知識可以是崗位所要求的技術性或專業性知識，也可以是更廣泛的知識，如文學修養。

例：電腦中常用的文字處理系統有那些？你會用那一種？

在編寫知識性問題時，要考慮以下幾點：

(1)在確定問題的內容時，要把知識領域劃分為一個個分支領域，找出關鍵的內容領域或關鍵的具體事實、概念、技術、規定。在決定最終需要多少個問題時，要考慮這些知識領域的相對重要性。

(2)在確定問題的難度時，要考慮你所要求的能力水準有多高。太難的或太易的題目都沒有什麼意義，因為它們提供不了什麼信息。

(3)確保問題清楚，沒有歧義。讓同事或在同樣職位上工作的人提提意見是個好辦法。

(4)不要企圖「一石二鳥」。不要在同一問題中問一種以上的信息，因為這樣會把考生弄糊塗的。

3.智能性題目

智慧性題目是通過考生對社會熱點問題的討論，考察考生思維的邏輯性、嚴密性，思維的深度和廣度以及綜合分析能力和知識面。

例：隨著經濟發展，環境污染也日益成為社會關注的問題。

你對環境與發展的關係有什麼見解？

4. 意願類題目

意願類題目是考察考生的求職動機與擬任職位的匹配性、考生的價值取向和生活態度等問題。

例：你為何想離開原工作單位，來我單位工作？此類問題可採用投射、迫選等命題技巧。

投射性問題的特點是問題模糊，表面上看起來與問題似乎無關，帶有「旁敲側擊」的味道。

例：你對著書立說有什麼看法？

迫選性問題的特點是要求考生在兩項性質相近的事物中做出選擇，強迫受測者在相互比較中表現出自己真實的特點。例如，如果報酬等條件相當，任你選擇，你更傾向於做圖書管理員還是大學生輔導員？

5. 情境性題目

情境性題目描述了一個針對相關能力的、與工作有關的假定情境，要求考生回答他們在這個給定的情景中通常會怎樣做。情境性題目是基於這樣的假設：一個人說他會做什麼與他在這個情境中將會做什麼是聯繫著的。

編寫情境性題目時，要從前面編題步驟第一步中所區分出的那種事例出發，要考慮這樣的事例，在其中優秀人員和較差人員的行為之間有或會有明顯的不同；然後，把這類事例轉化成問題形式，描述一個要求立即採取行動的情境，給這個情境加上真實的細節。編寫情境性題目時要注意以下兩點：

⑴你的問題不能太明顯，讓人一下子就看透了，否則這個工具就沒有價值了。

⑵編好問題後，可將問題朗讀給同事或崗位在職者，看是否有遺漏的細節、看他們是否清楚地理解以及是否答出了某種預期的答案。

例 1：你有個朋友生病在家，你帶禮物去看他，正好在樓道裏碰見了你上級的太太，對方以為你是來看你的上級，因此接下禮物並連連道謝，這時你如何向對方說明你是來看朋友的，而又不傷對方的面子？

例 2：假如你按主管的意思辦了一件事，給單位造成了較大的損失，可主管把責任全推在你身上，同事也紛紛指責你，此時你怎麼辦？

6.行為性題目

行為性題目是通過讓考生確認在過去某種情境、任務或背景中他們實際做了什麼，從而取得考生過去行為中與一種或數種能力相關的信息。行為性題目是基於這樣的觀察結論：過去表現是對未來表現的最好預測。例如，一個過去勝任的技術員將來也是勝任的工程師。

行為性題目由一個描述情節的問題和一系列追蹤性問題構成，目的是瞭解考生過去的一個完整事件以及考生在這個事件中的真實行為和實際效果。當你編制行為性題目時，你要涉及的是：

⑴關於情境、問題或背景的具體信息。

⑵考生擔當的任務、角色的具體信息。

⑶針對上述情況，考生採取或沒採取的行動。

⑷採取或不採取上述行動所造成的結果和影響。

例 1：在最近 3 年中，由你負責或參與的，最令自己滿意

的事情是什麼？請你具體談一個事例。

追問 1：當時具體情況是怎樣的？

追問 2：你的具體角色和任務是什麼？

追問 3：你是怎麼完成的？採取了那些措施？

追問 4：別人對這件事情怎麼評價？

例 2：你在做管理人員的過程中，遇到過下屬不積極工作之類的情況嗎？請舉一個具體事例。

追問 1：你是怎麼發現問題的？多久發現的？

追問 2：發現後你是怎麼處理的？找他談話了嗎？發現後多久談的？

追問 3：在與他談話的過程中，你都對他說了什麼？

追問 4：最後結果怎麼樣？那位下屬對你怎麼評價？

除了上述 6 種題型外，也可以採用其他一些題型，如壓力型題等，只要這些題型能有效地揭示出考生的某些能力素質。

心得欄

_____

_____

_____

_____

_____

_____

第三節　編制面試題的步驟

在面試中，我們常常看到一些考官問的問題是讓考生說明他們自己，這樣的問題在設計時沒有從特定的能力要求出發，從考生的回答中也無法抽取出與評定的能力要求相關的信息。

在編制面試試題時，要避免釣魚式的問題，選擇能夠揭示要評定的能力素質的問題。如何開發這種問題呢？有3個步驟。

1. **考慮什麼樣的行動，是與要測評的能力素質有關的**

在開始編制面試試題之前，首先要做一些基礎工作，這一階段整理出的信息將有助於後兩步的工作。針對你要評定的能力素質，向自己提出以下問題：

⑴這項能力素質的外在表現是什麼？是如何證明出來的？這項能力表現強的人是如何做的？表現弱的人又是如何表現的？

⑵在什麼樣的情境中這種能力會表現出來？這些情境中的那些方面與這種能力的表現相關？

⑶不同的行動方向會有什麼不同結果或影響？使一個行動或反應有效的原因是什麼？使其無效的原因又是什麼？

以「計劃能力」為例，你首先要清楚計劃意味著什麼？一個計劃能力強的人會做什麼？而計劃能力差的人又會做什麼？如：「計劃能力強」－有條理，時間掌握得好。然後，你要瞭解計劃都有那類活動？你要瞭解他們的靈活性、他們的時間壓力

感以及在計劃過程中通常要遇到的障礙和挑戰？如：時間緊、
任務重、缺少指導、缺少支持⋯⋯最後，你還要瞭解不同的計
劃行動或行為產生的結果或影響？

　　2. 編寫能夠抽取出有關這些行動和行為方式的信息問題

　　我們在編寫題目時要從能力要素出發，最好抓住一項能力
進行。在後面部份結合面試試題的類型，具體介紹各類試題的
編寫。

　　3. 將編制好的問題向崗位在職者進行試測，收集典型回答
並制定評價參考標準

第四節　面試提問的題庫

　　在多年人力資源招聘工作積累的基礎上，形成了面試題
庫，如下表所示。

　　1. 崗位勝任能力

　　⑴專業能力

面談問題	問題目的
請說明你在專業能力上最擅長和最不擅長的方面	判斷是否符合崗位任職要求
你認為本職位需要具備那些專業能力與技能	判斷認知是否有偏差
請你就上述能力做自我評價	判斷自我評價的準確性

(2)工作經驗

面談問題	問題目的
請談談你的相關工作經驗你所負責的工作取得了那些成績有無需要改善的地方如果可以重新開始做，你有何打算	判斷經驗是否符合崗位要求及自省能力
請說明你最不喜歡的工作？為什麼	判斷與未來工作是否有衝突
請說明以往最有成就的工作	判斷對未來工作的助益性
請說明目前工作所遇到的最大挫折是什麼？你是如何克服的	判斷應變能力及問題解決能力
簡述你日常一天的工作安排	瞭解其如何分配工作

(3)目標管理

面談問題	問題目的
你是如何規劃自己的工作的	判斷其規劃能力
你是如何推進工作以達到目標的？請舉例說明	判斷其推進能力、執行能力

(4)創新突破

面談問題	問題目的
請舉例說明你在工作中是否曾應用創新的技術或方法	
是否可以拿出你有創新能力的證明（如專利證書）	

(5) 領導能力

面談問題	問題目的
你是如何激發下屬的潛力和工作興趣的	
你是如何指導業績不佳的下屬的	
你認為你目前的主管具備的那些特質值得你學習	瞭解領導風格及方法
請舉例說明你領導的團隊對組織所做的最有貢獻的一項工作？你是如何領導的	

2. 態度與動機
(1) 成就動機

面談問題	問題目的
未來 3 年你想取得那些成就？準備如何做	判斷是否有強烈的進取心
舉例說明你曾完成那些有挑戰性的任務	

(2) 主動積極

面談問題	問題目的
請舉例說明你曾主動發現那些問題或機會？並採取那些行動	瞭解實際行為
下班後或假日你如何安排生活	

(3) 應聘動機

面談問題	問題目的
你如何對這個職位有興趣	
你最喜歡（不喜歡）什麼性質的工作	瞭解其應聘的誠意、積極程度
你對本公司有何瞭解	

(4)工作意願及態度

面談問題	問題目的
請簡述以往工作經歷及離職原因	瞭解其就業心態
你選擇工作最看重的三個因素	
那三種原因會促使你離職	瞭解其抗壓能力
若你在工作中受到不公平指責或待遇時如何處理	瞭解其抗壓性及成熟度

(5)教育訓練

面談問題	問題目的
請說明你曾參與的活動或社團？在什麼情況下參與	瞭解其學習動機
請說明在工作中你曾接受過那些培訓	
你平常讀何種雜誌或書籍	

3.個人物質
(1)影響能力

面談問題	問題目的
請舉例說明你曾如何發揮「影響力」使你成功的	從過程瞭解其適合未來的工作
請舉例說明你如何開發客戶或獲得部門同人的支持	

(2)人格特性

面談問題	問題目的
週圍人常讚美或批評你的優缺點是什麼？你自己的看法	判斷其個性是否適合崗位要求
請你用三個形容詞形容自己	間接瞭解其優、缺點
你最近一次在工作中生氣的原因	
你認為自己性格那些方面需要完善	

⑶**人際關係**

面談問題	問題目的
你認為那種同事或上司較易相處	判斷其與人相處能力
描述你最欣賞（最不欣賞）的同事或上司	

⑷**團隊精神**

面談問題	問題目的
描述你心目中的最佳團隊組合	合群性
你在團隊中通常扮演何種角色	
舉例說明你面對衝突時如何處理	瞭解情商

⑸**溝通協調**

面談問題	問題目的
說明你在溝通中的優點（缺點）	判斷其溝通能力
你如何說服他人與你合作完成某項工作	
你認為應如何提升溝通技巧	

4.**其他相關問題**

面談問題	問題目的
若我們同意讓你上崗試用，你需要多長時間交接工作	通過交接時間的長短瞭解其責任心、重要性等
你期望的待遇？有無其他要求	

　　在面試中，每位應徵者都希望給招聘人員留下好印象，有些應徵者會有說謊的行為，那麼如何判斷事實與謊言呢？我們可以通過說話的方式及小動作來判斷。

通過應徵者的語言判斷事實與謊言，如表所示。

通過語言判斷事實與謊言

正常的	·描述發生過的事情用「我」，而不是「我們」或沒有主語 ·說話很有信心，能夠連貫一致地描述事件過程 ·講述的內容明顯與其他一些已知事實一致
可疑的	·講述的內容累贅、重覆，很難一針見血 ·舉止或言語明顯遲疑 ·傾向於誇大自我 ·語言非常流暢，但聽起來像背書

通過應徵者的非語言行為判斷事實與謊言，如表所示。

通過非語言行為判斷事實與謊言

非語言信息	典型含義
目光接觸	友好、真誠、自信、果斷
不做目光接觸	冷淡、緊張、害怕、說謊、缺乏
搖頭	不贊同、不相信、震驚
打哈欠	厭倦
搔頭	迷惑不解、不相信
微笑	滿意、理解、鼓勵
咬嘴唇	緊張、害怕、焦慮
踮腳	緊張、不耐煩、自負
雙臂交叉在胸前	生氣、不同意、防衛、進攻
抬一下眉毛	懷疑、吃驚
瞇眼睛	不同意、反感、生氣
鼻孔張大	生氣、受挫
手抖	緊張、焦慮、恐懼
身體前傾	感興趣、注意
懶散地坐在椅子上	厭倦、放鬆
坐在椅子邊緣上	焦慮、緊張
搖椅子	厭倦、自以為是、緊張
駝背坐著	缺乏安全感、消極
坐得筆直	自信、果斷

第 八 章

面試過程中的技巧

　　當企業在招聘媒體上發佈了一條招聘資訊後，一般會收到 1200 份簡歷，其中有 1000 份都是不符合崗位要求的。我們可以通過簡歷的篩選、電話面試這兩種方式，比較快捷地剔除掉不符合崗位要求的簡歷。

招聘金字塔

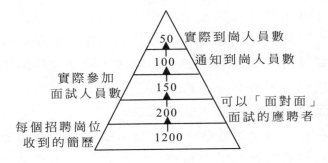

第一節　面試的形式

（一）先採用電話面試

　　電話面試可以用來初篩應徵者，或是為了在面試前瞭解更多的信息，節省現場面試的時間。一般適用於短期招聘量過多，如果挨個去面試，顯然太過耗費時間和精力，通過電話中的交流進行初篩，可以節省時間。

　　還有一種情況是在招聘一些特殊崗位，如電話銷售、電話諮詢人員時，會應用電話面試的方式，因為應用這種方式面試，本身就是在做「情景面試」。通過電話溝通，從音色、談話邏輯等方面對應徵者可以有個較全面的瞭解。

　　電話面試又可分為普通電話面試，即只可相互聽到聲音，不能見到對方的影像；還有一種電話面試應用的是可視電話，不僅可聽到聲音，還可看到對方的影像。囿於條件的限制，常用的電話面試方式還是非可視電話。

　　電話面試可以解決以下幾個問題：

　　1.對應徵者簡歷的確認。對應徵者學歷、工作經歷等進行確認，如有些應徵者的工作經歷也中斷，這時可以通過電話面試，判斷是筆誤，還是有其他的原因。

　　2.判斷應徵者的語言邏輯性。有經驗的招聘人員可透過聲音「看到」應徵者，從應徵者的語音、語調、回答問題的邏輯性，甚至口頭語來揣測應徵者的個性特徵。

3.捕捉應徵者聲音之外的信息。如果招聘人員在電話中聽到應徵者那邊的聲音很嘈雜，而應徵者又沒有換個時間再打電話的意思，基本可斷定應徵者對此次面試沒有抱很認真的態度；如果應徵者的聲音很懶散，說不定應徵者正倚在椅子上通話呢。

電話面試時，招聘人員除了要恪守提到的「接打電話禮儀」外，還要注意以下幾個問題：

1.記得微笑，對方會感受到你的笑容。

2.準備一杯水，在面談的過程你肯定會需要它。

3.注意控制時間，電話面試可以節約招聘人員精力，並為下一步面談做鋪墊，如果招聘人員想瞭解更多，不妨約應徵者來面談。

4.不對應徵者提出的工薪做任何承諾，對應徵者的崗位也不要做詳細定位，因為用人部門可能在見到應徵者本人後，會有其他安排。

（二）「面對面」的面試方式

任何單獨的招聘方法都不是有效的，只有綜合使用各種測評技術，才能夠提高招聘的可預測性。目前業界常用的人才素質測評的方式有：

1.結構化面談

這是一種十分有效的人才測評手段，其完整結構包括以下幾個方面：

(1)考官的組成要有結構，如考官的工作性質、性別構成、年齡層次、專業特點等方面有一定結構。面試考官應包括用人

部門負責人、人力資源負責人，分別負責面試其技術層面和人格、性別取向、穩定性等方面。

(2)測評的要素要有結構，即面試指標體系有一定結構，一般包括應徵者的儀表、分析判斷能力、語言表達能力、組織領導能力、交往協調能力等幾方面。每一個測評要素都有明確的測試要點或觀察要點，測評要點所對應的測試題目都有出題思路或答題的參考要點，以提供給面試考官評分時參考。

(3)測評的標準要有結構。它表現在要素評分的權重係數有結構，每一測評要素內的評分有結構，應徵者的面試成績是經過科學的方法統計處理後得到的，作為對考官科學性的評價及對考官評分公正性的監督，還可以設標準差一項，看每一位考官評分與標準分的離散度。

(4)結構化面試嚴格遵循一定的程序(如考官、考場的選擇，監督機制與計分程序的設立等)進行，一般每位應徵者面試時間為 30 分鐘左右。

2. 情景模擬

情景模擬是在招聘人員有意控制之下，模擬真實情景，考察和測試應聘人員處理事務與人際關係的能力，並最終給予評價的招聘與選拔的方法。

其具體做法是：根據應徵者可能擔當的職務，編制一套與該職務實際情況相似的測試項目，將應徵者安排在模擬工作情景中，處理各種問題。其內容主要有以下幾種：

⑴公文處理

公文一般由文件、信件、備忘錄、上級指示的電話記錄、報告等組成。應徵者根據自己的經驗、知識能力、性格、風格，

對 5～10 份文件做出處理，例如做出決定、要求合作、撰寫回信和報告、制訂計劃、組織和安排工作。這種方法，尤其適合於測試應徵者的敏感性、工作主動性、獨立性、組織與規劃能力、合作精神、控制能力、分析能力、判斷能力和決策能力等。

(2) **談話**

談話包括電話談話、接待來訪者、拜訪有關人士。在觀察應徵者如何處理模擬活動的過程中，可以評價他的規劃與組織能力、領導能力、推銷能力、敏感性、傾聽技巧、行為的靈活性、口頭交流能力、堅忍性、分析能力、控制能力以及承受壓力的能力，等等。

(3) **無主管的小組討論**

它通過一定數目的應徵者組成一組(5～7 人)，進行一小時左右的與工作有關問題的討論，討論過程中不指定誰是領導，也不指定應徵者應坐的位置，讓應徵者自行安排組織，評價者來觀測應徵者的組織協調能力、口頭表達能力、辯論的說服能力等各方面的能力和素質是否達到擬任崗位的要求，以及自信程度、進取心、情緒穩定性、反應靈活性等個性特點是否符合擬任崗位的團體氣氛，由此來綜合評價應徵者之間的差別。

(4) **角色扮演**

它要求應徵者扮演一個特定的管理角色，來處理日常管理問題，借此，可以瞭解應徵者心理素質和潛在能力。

(5) **即席發言**

給應徵者一個題目，讓其稍做準備，即席發言，以瞭解應徵者的反應理解能力、語言表達能力、言談舉止、風度氣質和思維方式等。

3.心理測驗

通過各種測驗，對應徵者的感知、技能、能力、氣質、性格、興趣、動機等個人特徵進行測試，目前常用的測驗如用於團體智力測驗的瑞文標準推理測驗(Raven's SPM)、用於人格測驗的明尼蘇達多相人格調查表(MMP1)、十六種人格測驗(16PF)、艾森克人格問卷(EPQ)等多種測驗。

第二節　面試的具體操作技巧

面試的操作技巧是面試操作經驗的累積。顯然，每個人所累積與掌握的技巧不盡相同，但必然有一些共同的、基本的技巧。以下是面試中經常運用且被大家所公認的技巧與操作方式：

（一）如何「問」

1.自然、親切、漸進、聊天式地導入

無論那種面試，都有導入的過程，在導入階段中的提問應自然、親切、漸進、聊天式地進行。要使面試的導入自然些、寬鬆些、不緊張，就應該根據被試剛遇到、剛完成的事情來提問。如「什麼時候到的？家離這兒遠嗎？是怎麼來的？」要想面試的導入親切些，則應向被試提最熟悉的問題，要從關心被試者角度提問；要想使面試漸進地導入，則應該從最容易回答的問題開始，然後步步加深；要使面試導入聊天式地進行，則提問方式應和藹、隨便。

「請坐，不要緊張！」

考官一邊指引座位，一邊說：「請坐，你是怎麼來的？家遠嗎？」

待考生回答完畢，考官又接著說：「那好，你能談談……」

比較案例，不難發現個案內的那位主考官自然、親切得多。

2. 通俗、簡明，有力

面試主考官的提問與談話，應力求使用標準性以及不會給被試者帶來誤解的語言，不要用生僻字，儘量少用專業性太強的辭彙；提問的內容、方式與詞語，要適合被試者的接受水準。

除特殊要求，例如壓力面試外，不要提那些使考生難堪的問題，也不要糾纏某個問題，特別是枝節性的問題（如對某個概念的理解，或某個觀點、學派之爭）。

提問應簡潔扼要。據研究表明，一個問題描述的時間最好在 45 秒以下，半分鐘左右為宜，不能超過 1 分鐘。超過這個限度，不論被試者，還是其他主試者，都會感到不好理解。

此外，主試人提問時，還應注意不要無精打采，應活潑有力，並配上得體的手勢，使問題產生一定的感染力與吸引力。一般認為，說話聲音有氣無力的人，萬事畏首畏尾，膽小怕事，缺少勇氣與熱情，故要予以淘汰。對被試要求如此，那麼作為主試人更要以身作則。

3. 注意選擇適當的提問方式

面試中問題大致有以下幾種。

(1)收口式。這是一種要求被試做「是」、「否」等一個詞或一個簡單句的回答。例如，「你是什麼時候參加工作的？你大學學的是管理專業嗎？」

(2)開口型。所謂「開口型」提問，是指所提出的問題被試不能只用簡單的一個詞或一句話來回答，而必須另加解釋、論述，否則，不會圓滿。面試中的問題一般都應該用「開口型」問題，以啟發被試的思路，激發其「沉睡」的潛能與素質，從大量輸出的信息中進行測評，真實地考察其素質水準。下面就是一個開口型問題：「你在原單位的工作，經常要求與那些部門的人打交道？有什麼體會？」

(3)假設式。假設式的提問一般用於瞭解應試者的反應能力與應變能力。有時為了委婉地表示某種意思，也採用此提問方式。例如，「假如我現在告訴你因為某種原因，你可能難以被錄用，你如何看待呢？」

(4)連串式。這種提問一般用於壓力面試中，但也可以用於考察被試者的注意力、瞬間記憶力、情緒穩定性、分析判斷力、綜合概括能力等。

例如：「我想問 3 個問題：第一，你為什麼想到我們單位來？第二，到我們單位後有何打算？第三，你報到工作幾天後，發現實際情況與你原來的想像不一致，你怎麼辦？」

(5)壓迫式。這種提問方式帶有某種挑戰性，其目的在於創造情緒壓力，以此考察被試者的應變力與忍耐性。一般用於壓力面試中。這種提問多是「踏被試的痛處」或從應試者的談話中引出。例如，「你表示如被錄用，願意服務一輩子，可是你工作 5 年已換了 4 家單位，有什麼可以證明你能在我們公司服務一輩子呢？」

(6)引導式。這類提問主要用於徵詢應試的某些意向、需求或獲得一些較為肯定的回答。如涉及薪資、福利、待遇、工作

安排等問題，宜採取此類提問方式。例如：「到公司兩年以後才能定職稱，你覺得怎麼樣？」

4.問題安排要先易後難、循序漸進

面試的問題，一般都要事先準備好一部份，尤其是一些基本問題與重點問題，事先都要擬定安排好。問題的提出，要遵循先熟悉後生疏、先具體後抽象、先微觀後宏觀的原則，這有利於考生逐漸適應，展開思路，進入角色。特別對一開始就有些緊張、拘謹的考生，要先給他們幾個「暖身」問題。

5.恰到好處地轉換、收縮、結束與擴展

所謂「轉換」是指主試在問題與問題的銜接上處理得比較靈活、巧妙、不拘泥於事先所規定的問題，而是針對特定的面試目標，在面試目標範圍內，根據被試者前問答中所反映出的有追蹤價值的信息，串聯轉換出即興問題。成功轉換的關鍵是要能夠敏感地察覺出考生的回答中（或者離開考官預想答案思路的那部份回答，以及畫蛇添足性的回答），具有深層挖掘的線索，從常規回答中發現意外的信息，同時覺得進一步的追問對瞭解考生有利，從而跳出常規問題進行追蹤性發問。

所謂收縮與結束，指的是當被試滔滔不絕而且離題很遠時制止的一種方式。直接打斷當然是一種方式，然而採取下列方式進行收縮與結束，效果會更好些：

先可以假裝無意之中掉下一枚硬幣、鑰匙、打火機、筆記本、鋼筆等東西，利用聲音打斷被試者的思路及話頭，然後再抓住機會說：「說得不錯，讓我們談下個題目」，或者說：「剛才說到那裏了，我特別想聽聽你對……問題的看法」，或者說「我特別想知道你對……是怎麼看的」，顯然被試者會在你這種誘惑

下結束剛才說的話題而進入另一個。還可以利用定時鬧鐘、電話鈴聲等於擾技術。當你察覺到被試者對某一問題回答只是一部份，還有想法出於某種原因不願談出來時，你可以追問一句：「還有嗎？」雖然只是 3 個字的問話，卻可以對考生的心理產生足夠的刺激力，由此也許能讓考生馬上說出一些事實的想法來。這就是所謂的擴展。

6. 必要時可以聲東擊西

當你察覺被試不太願意回答某個問題而你又想有所瞭解時，可以採取聲東擊西的策略。例如對於問題，許多人不願意真正表白自己的觀點，此時可以轉問：「你的夥伴們對這個問題或這件事是怎麼看的？」被試者因此會認為說的不是自己的意見，說出來不會暴露自己的觀點，因而心情放鬆地說了一大通，其實其中許多都是他自己的觀點。

7. 積極親近，調和氣氛

面試中如果主試人與被試者處於一種和諧的氣氛中，被試者對主試人有一種信任感與親近感，那麼被試者往往願意如實地回答問題，說出自己的真實想法。觀察發現，具有共同經歷或觀點一致的人容易談得來，面試雙方會因彼此間的一致性而感到安慰或產生安全感。這種一致性能使被試者與主試人產生共鳴，談到一起，這是人類的一般心態反省。因此主試人在面試中要善於發現與尋求一致點，只要找到了與被試者一致的談話點，就容易打動對方的心，增加親密感，被試者處於一種和諧、輕鬆的心境中，言行自如，潛能、素質與水準就能正常發揮與展現。發現一致點與強化共同點的心理基礎是主試人對被試者表示理解、同情與關心。理解與同情是溝通情感的基礎，

如果主試人擁有一顆同情心並理解被試者，能夠變換自己與被試者的位置，置身於被試者的位置上來分析與考慮面試的內容與方式，那麼主試人就有可能獲得其他人無法獲得的或自己意想不到的信息。

8. 標準式與非標準式相結合，結構式與非結構式相結合

所謂標準式，即按照預先確定的同一程序與問題進行面試。面試過程結構嚴謹，層次分明。這種提問面試方式，有利於保證面試的公平性與可比性。所謂非標準式，則是指主試人所提問題是因人因事因情況與需要而決定的，沒有固定的模式，氣氛活潑，內容廣泛。這種提問方式針對性強，靈活機動。面試中的提問應兩者相互結合，在標準式中非標準化，即問題的內容可大體規定幾個主要方面，包括對經歷、學歷、背景、適應力、應變能力等的測評名單提問的方式與次序可靈活掌握，順其自然；提問的數量與時間，留有一定的機動性與餘地。

所謂結構式，即指主試人對問題的回答模式與標準有一定的規定性，被試者回答一旦離題，主試人馬上進行「導引」，也就是在結構式面試中，主試人問「特定」的問題，被試者只能做「特定」的回答，問一問答一答，不問不答。非結構式則不然，主試人所提問題內涵較豐富，涉及面較廣泛，考生回答時可以充分發揮，儘量說出自己的感受、意見與觀點，沒有「特定」的回答方式。結構式與標準式的區別是，結構式是相對問題回答情況來說的，而標準式是相對整個面試的設計與安排來說的。當然標準式對問題的回答標準也有統一的規定。顯然非標準式面試與非結構式面試也是不相同的。

面試中，結構式應與非結構式相結合，不能所有的問題都

是非結構式的，否則很可能時間不夠，評判困難。

9.堅持問準問實原則

前述大多數是告訴主試人如何問「好」問「巧」，其實，要提高面試的效度與信度，還要問「準」問「實」。面試提問的目的，是通過考生對問題的回答，進一步考察其思想水準和能力素質，以實現面試的目的。因而，主試人通過提問要探「準」探「實」被試者的素質及其優勢與差異，而不是去問「難」問「倒」(壓力面試除外)被試者。提問必須有利於挖掘考生的品德與能力素質，有利於被試者的經驗、潛能與特長的充分展現，有利於被試者真實水準的發揮。

10.注意為被試者提供彌補缺憾的機會

由於被試者在面試中處於被動地位，尤其那些初次面試的人過於緊張，開頭幾個問題往往發揮不出自己應有的水準。因此主試人在提問過程中要注意給考生創造彌補缺憾的機會：第一，主試人要善於觀察，善於提問，提高消除緊張與彌補缺憾的技能；第二，對難度較大的問題，要適當啟發或給予適當思考時間；第三，面試結束前，提一兩道可使考生自由發揮的問題。例如：「你認為自己的特長是什麼？」

在這裏，簡單介紹一下「8步問題交談法」。該法是美國著名工程師約卡普提出的，用於測評工程技術人才，其具體步驟如下。

第一步：詢問被試者是否具備某種創造才能。一般情況下，被試者回答時持慎重態度，但也不能排除某些外向的、急於顯露身手的人做出肯定性回答。

第二步：請被試者提供有關方面的論文、著作，瞭解其數

量和品質。如被試者獲得過專利，或受到某種表彰、獎勵，也應給予記錄。

第三步：考察其思維獨立性。尤其對剛參加工作的被試者，可以讓他回憶一下，在校讀書期間，那些實驗給他留下了深刻的印象，還可以讓他談談當前的工作情況。值得注意的是，一個有才幹的人，比較傾向於談論不明白的問題和棘手的事；而一味侈談確定無疑的東西，則是才智平庸的表現。

第四步：考察其想像力，因為它是創造活動中一項基本的因素。

第五步：摸清個性傾向。不同的職業對從業者有不同的個性要求。如具有喜好感情活動（如音樂美術）個性傾向的人，將有益於其技術才能的發展。

第六步：深入到專業領域。在這樣的交談中，有的被試者喜歡引經據典，但不大表達自己的見解與判斷。這種人智商或許較高，但不一定能承擔創造性高的工作。

第七步：給被試者出一個具體的試題。可以結合其所學專業提出一個要求多、思路豁達的題，有才能的人提出的解題辦法多且不怕提出假設性的想法。

第八步：請一位有關的專家與被試者交談，並請他發表意見。

（二）如何「聽」

1. 要善於發揮目光、點頭的作用

人的眼睛不僅有觀察的功能，而且還有表達的功能。面試中，主試人的目光在聽被試者回答時，要恰到好處，輕鬆自如。

俯視、斜視、直視被試者回答問題，都將使被試者感到緊張，從而產生一種壓力，並使身心處於一種不自在、不舒服的狀態中。

一般地說，在室內，兩人的目光距離應為 1～2.5 米，主試人的目光大體要在被試者的嘴、頭頂和臉頰兩側範圍活動，給對方一種你對他感興趣，在很認真地聽他回答的感覺，同時伴以和藹的表情與柔和的目光與微笑。

聽被試者回答問題時，還應伴以適當的點頭，因為點頭是一種溝通的信號；點頭意味著你在注意聽而且聽懂了他的回答，或者表示你與他有同感，從而給對方造成一種心情愉快的氣氛。但是要在無關緊要處點頭，這與聽演講報告、講課時的點頭不同，是否容易洩露答案，帶來麻煩。點頭也可以用「嗯」「嗯」等其他適宜行為代替。

2.要善於把握與調節被試者的情緒

在傾聽被試者回答問題的過程中，主試人要善於把握與調節被試者的情緒，使之處於良好的狀態，正常發揮。

當被試者回答問題的過程中突然出現緊張、激動狀態時，主試者可以通過反覆陳述對方的話或慢慢記錄等方式，先穩定被試者的情緒，待其冷靜後再進入正題。

當發現被試者一見面就處於緊張狀態時，可以採取前提過的「暖身」題的辦法給被試者一種「溫暖」感。也可以採取「示弱」術、親切稱呼與「請教悅心」等技巧。所謂示弱，即在被試者面前裝著不懂。例如說：「你是這方面的高才生（專家），我是門外漢……不太懂。」所謂「親切稱呼」，即只稱呼「小李」「老張」之類的簡稱，或直呼名不稱姓。這種稱呼被試者聽起

來比正正規規的全稱呼親切多了，正常情況下心裏會感到比較愉快。所謂「請教悅心」術，是當面試時，主試人可以適時地以請教的口氣同被試者交談，這有利於喚起考生的優越感，使其戒心鬆弛，即便於被試者正常發揮又便於主試人瞭解。例如：「據說你非常擅長於……能否談談……？」我曾經遇到過這麼一個問題：……你專門學過，我想請教一下你……」

當被試者情緒過於低落時，可以採取「誇獎」「鼓勵」「刺激」等方法。

當被試者因剛回答的一個問題沒答好而情緒低落時，可以採取鼓勵支持術。你可以說：「我覺得你的實力可能不止於此，要爭取把潛力發揮出來。」或者說：「下一個題對於你來說，可能難了些，但好好努力，能答好的。」如果說：「別失敗，要小心點。」反而會適得其反。例如罰點球，許多運動員都告誡自己，不要放「高射炮」，結果反而高了。

當被試者處於高度警戒而緊張時，主試人可以採用誇獎技巧。因為某方面的誇獎尤其是被試者自己感到名副其實時，會產生一種興奮感。例如，「你口音不錯，一點也聽不出你是××地方人。」

3. 要注意從言辭、音色、音質、音量、音調等方面區別被試者的內在素質水準

研究表明，一個人說話快慢、用詞風格、音量大小、音色柔和與否等都充分反映了一個人的內在素質。因此，要注意從言辭、音色、音質、音量、音調等方面區別被試者的內在素質水準。

（三）如何「看」

「問」「聽」「看」是面試中註釋的 3 種基本功，其中「看」是十分重要而又關鍵的。

1. 謹防以貌取人、誤入歧途

容貌本來與人的內在素質沒有必然的聯繫，但是由於日常生活中的心理定勢，小說、電影、電視、藝術造型以及人們理想化等的影響，人們面試時難免先入為主，未見面前就想像該人應該如何如何，什麼樣的人有什麼樣的素質特點。因此，以貌取人的現象經常發生，古今中外都有教訓。

之所以要謹防以貌取人，是因為在問、聽、觀三者中，由觀獲得的信息往往在我們的評判中先入為主。任何人見面都是先看清面目相貌才會問話，問話後才能聽到聲音，即使是老熟人也是這樣。問與聽的滯後性與面貌信息的大容量特點使主試防不勝防，往往在被試未開口前便把他與心目中的某類人歸併在一起。

2. 堅持目的性、客觀性、全面性與典型性原則

所謂目的性原則就是主試事先要明確面試的目的、面試的項目以及觀察的標誌與評價的標準。面試中要使自己的面試活動緊緊圍繞面試目的進行，只有這樣，面試中主試人才能從考生諸多的行為反應中，迅速而準確地捕捉到具有真實內在素質和評價意義的信息。

所謂客觀性原則，就是主試人在面試中不要帶著任何主觀意志，實事求是，從考生實際表現出發進行測評。提高面試的客觀性要注意選擇一些顯性的外觀標誌作為評判指標。

所謂全面性原則，就是主試人應該從多方面去把握考生的

內在素質，應從整個的行為反應中系統地、完整地測評某種素質，不能僅憑某一個的行為反應就下斷言，不但要從一般的問題中考察被試者的素質，而且還應該創造條件在激發、擾動的狀態下考察被試者的素質。

所謂典型性原則，就是要求主試人要抓準那些帶有典型意義的行為反應。面試中考生面對主試人的提問會做出許許多多的行為反應，實際上其中真正能夠從本質上揭示素質的行為反應非常少，我們把這部份行為反映叫做典型行為反應。面試時，主試人就要注意捕捉這種典型行為反應。

3. 充分發揮感官的綜合效應與直覺效應

筆試的判斷是依靠大腦的思維分析與綜合，而觀察評定主要是靠視覺與大腦推斷的共同作用，面試則集問答、面視、耳聞與分析於一體，因此各感覺有一種共鳴同感的綜合效應，其中直覺效應尤為明顯。這是其他測評形式所沒有的。因此對於那些有豐富面試經驗的主試人來說，要充分發揮其直覺的作用。然而直覺不一定是絕對可靠的，因此，直覺的結果應該盡可能獲得「證據」上的支持，應該通過具體的觀察去驗證、去說明。

主試人應認真研究被試者典型的體態語言。例如，面部漲得通紅、鼻尖出汗、目光不敢與主試對視，一般說明被試者心情緊張、自信心不足。

第三節　面試中的提問要點

　　古希臘哲學家蘇格拉底曾說過:「我接近真理的方法是提出正確的問題。」同樣，如果想深入瞭解一個人，也可用提問的方式來進行探究。下面以一個面試人力資源經理的例子來說明如何通過提問的方式瞭解應徵者。

　　面試主考官:您是否考慮過您的職業發展方向?

　　應徵者:考慮過。我希望 5 年後，能成長為一名人力資源經理。

　　面試主考官:想沒想過人力資源經理需要承擔那些責任?

　　應徵者:想過，人力資源經理需要在公司高層與員工間達成平衡，需要考慮公司員工的選、用、育、留問題。

　　面試主考官:那您覺得自己需要強化那方面能力?

　　應徵者:人際溝通與影響力方面的能力需要加強。

　　面試主考官:您現在的人際溝通和影響力如何?請舉例說明。

　　應徵者:……

　　通過以上一系列問題，仿佛剝洋蔥一般，可以更深入地瞭解應徵者的一些能力。

　　在實際面試中，招聘人員會用到多種提問方式，如開放式、封閉式提問等，每種提問方式應用的情境不同，目的也不同。

1. 開放式提問

定義	舉例	應用要點
沒有固定答案，迫使應徵者非回答不可的問題	1.你對……的看法是什麼 2.在什麼情況下你會…… 3.你是怎樣處理那個問題的 4.然後怎樣	開放式提問是最正確、應用最多的問話方式

2. 行為型提問

定義	舉例	應用要點
屬於開放式問題，讓應徵者對過去實際情況做出回答	1.你做……事的經驗是什麼 2.你曾經遇到的最有挑戰的情況是什麼 3.請舉一個例子，在……方面你是如何做的	可以通過應徵者過去的表現預測將來的工作表現。是一種有效的提問方法

3. 重覆式提問

定義	舉例	應用要點
重覆應徵者回答中的某些關鍵詞	A：我希望從事挑戰性的工作 B：挑戰性的嗎 A：是的，我希望這個崗位……	應徵者會進行解釋，招聘人員可以不費力地獲取更多有用信息

4. 測試型提問

定義	舉例	應用要點
屬於開放式，採用「如果」的問題方式，主要測試應徵者是如何思考的	如果……，你會怎樣做呢	應徵者如果讀過一些相關資料，很可能會說出比較恰當的答案（若與開放式問題中的行為型問題結合使用，則可以瞭解應徵者的思維方法和判斷能力）

5. 封閉式提問

定義	舉例	應用要點
有十分具體的答案，一般只需要回答「是」或「不是」的問題	A：過去你曾經做過多少種工作 B：4種 A：這些工作經歷都比較相似，對嗎 B：對 A：你一直在找類似的工作嗎 B：是的	這種問話方式明快簡潔，但是少用為妙，因為這樣的提問方式沒有鼓勵應徵者開口說話

6. 誘導式提問

定義	舉例	應用要點
問話的目的在於引導應徵者回答你所希望的答案	你對目前的市場形勢看法如何？……不是很好吧	這種問法一般來說最好避免，除非你心中有數

7. 選擇式提問

定義	舉例	應用要點
問話要求應徵者在兩害之中取其輕	你跳槽，是認為自己不能勝任呢，還是認為自己太自負	這種問法未免過分或使應徵者不能說出真實想法，應該避免

8. 多項式提問

定義	舉例	應用要點
同時連續提出好幾個問題	A：你以前的職位都做些什麼？有什麼特點？你在職位上有什麼優勢？劣勢？ B：我的優勢是……	這種問法很難得到完善的答案，應徵者很有可能只回答印象比較深的問題，且很難深入描述

第 九 章

應徵者技能的考查

第一節　能力素質的面試問答範例

一、分析能力

案例（1）

面試主考官：某快速消費品公司最近遇到了利潤下降的問題，請你分析一下可能的原因。

應徵者：出現利潤下降問題，可能的原因無非兩方面，收入即銷售額減少或成本上升。

如果是收入減少，那就要分析市場總量的變化。市場總量變大或不變而收入減少，說明這家公司產品的相對競爭力下降，被其他同類產品擠掉了市場佔有率。如果市場總量變小，則需要進一步比較該公司相對市場佔有率的變動，這至少說明整個這類商品的市場都不景氣，可以採用一些行銷手段拉動市

場。而如果是成本上升的原因，就要對此進行調查，看是什麼導致了成本上升，上升的又是那些支出。

 〈主考官分析〉

該應徵者思路清晰，準確抓住了利潤下降的本質原因，運用分析、推理能力，根據不同情況找出相應的原因並提出一些切實可行的解決方案。這樣的回答使面試主考官清楚地瞭解到該應徵者的結構化思維

能力和分析能力，給人留下深刻的印象。

案例（2）

面試主考官：在簡歷中你介紹說你曾經是一家大型飲料公司的市場策劃，負責過新品上市的計劃，你是如何考慮制訂這項計劃的？

應徵者：當時我把新品上市推廣分為市場拉動和銷售推動兩部份。市場拉動主要是線上和線下兩部份的行銷，我針對不同的途徑制訂了相應的行銷計劃。線上的行銷主要是在電視、報紙等媒體上登廣告，目的是讓消費者瞭解到有這樣一個新品，對它產生興趣，激發他們的好奇心。線下的行銷主要採用在若干大型商場和賣場上進行路演活動的形式，使產品能與消費者直接面對面。而在銷售推動上，我主要協調和配合銷售部進行新品買進和加強陳列的工作。

 面試主考官：在新品上市的過程中難免會有壓力，你

是怎樣規避自己的高度壓力的？

應徵者：新品上市計劃的實施本身就是多個部門、多個環節相互合作的工作，各個工作環節緊密相連，任何一個環節出現失誤、任何一個部門拖延工作，都會導致整個計劃的失敗。我認為在這個實施過程中最易出現的問題是市場拉動和銷售推動的時間不同步。例如，已經在進行廣告投放的產品還沒有出現在市場上進行銷售，導致廣告效應大幅度下降；或是產品已經大量投放市場進行銷售，但廣告投放沒有配套，產品銷售情況不佳，影響市場對於該項產品後期走勢的信心。以上兩種情況都會使計劃的效果大打折扣，市場拉動或銷售推動都沒有產生效益，給我的工作帶來很大的壓力。

為了避免這種情況，我主要採取三種措施：第一點是確定各項工作的最後期限，確保各部門能按時完成，同時又在時間上留有餘地；第二點是確保各項目工作人員之間的反覆的有效溝通，因為項目組的成員來自各個部門，配合上會產生一些問題，只有在反覆的有效溝通之後才能避免一些不必要的矛盾發生；第三點就是在實施過程中一旦出現問題，首先考慮如何解決問題而不是追究到底是誰的責任。當然這不是說誰出現失誤無所謂，只是在當時情況下，解決問題永遠比追究責任來得重要，責任的問題可以在以後的工作回顧中討論。我認為做到這三點，我就儘量規避了自己的高度壓力。

〈主考官分析〉
該應徵者對於這段工作經歷描述得十分詳細、全面，思路

清晰，顯示出其很好的分析能力，易感染面試主考官。

　　當面試主考官追問到壓力問題時，該應徵者清楚地抓住了壓力的來源，找出了最易出現的問題和影響其本質的關鍵因素，並提出了避免問題發生的 3 項措施，表明了自己的觀點，例如：當出現問題時，首先考慮如何解決問題而不是追究到底是誰的責任，表現出他在面對巨大壓力的情況下仍然能夠避免過於情緒化地解決問題、冷靜地作出決定的能力。

案例(3)

面試主考官：你的簡歷上介紹你曾經在××雜誌社擔任編輯，我能否瞭解一下你是如何進行選題策劃的嗎？

應徵者：我認為所有的選題策劃最主要是以讀者想瞭解什麼為標準，要迎合讀者的口味。我過去參與編輯的雜誌是一本都市時尚類雜誌，所針對的讀者群是 25 歲左右的上班女性。我們通過對讀者年齡層次進行分析、讀者回饋、訪問客戶等方法瞭解最近讀者們關心什麼，有什麼問題需要我們給予幫助等，再結合最新的流行資訊進行選題策劃和執行。同時自己也會站在讀者的角度審視自己的選題策劃是否具有可讀性和時效性。

〈主考官分析〉

　　該應徵者清晰地表達了自己以顧客需求為導向（以讀者想瞭解什麼為標準）的原則，向面試主考官展現了自己敏銳的市場眼光和服務意識。該應徵者正確地認識自己的產品（服務）定位

和目標客戶群，能針對目標客戶群採用問卷、訪問等方法瞭解不斷變化的需求。尤其在回答中體現了站在顧客角度考慮問題的意識，易博得面試主考官的好感。

二、解決問題能力

案例（1）

 面試主考官：當你遇到一些難以抉擇的問題時，你有什麼有效的分析解決問題的方法嗎？請給我們舉個例子。

應徵者：有一次，我們要舉辦一個露天的大型公關活動。由於要考慮到天氣因素，所以要對這次活動的可行性進行分析。我就用「決策樹」的方法來進行分析。如果我們取消計劃的話，則損失 1000 元。如果我們繼續執行的話，我們就面臨兩種情況：一種是天氣晴朗，根據估算這種可能性為 70%，那麼我們可以獲利 10,000 元；還有一種是天氣陰雨，據估算這種可能性是 30%，那麼我們就損失 15,000 元。如此一來這個「決策樹」的價值就是 2,500 元。而我也知道這個計劃如果繼續執行下去的話是可以獲利的。

〈主考官分析〉

該應徵者表現了自己能夠運用標準化的解決方案和清晰的邏輯分析能力。

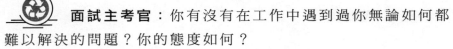

案例（2）

面試主考官：你有沒有在工作中遇到過你無論如何都難以解決的問題？你的態度如何？

應徵者：工作中難免會有些問題難以被徹底的解決，在這樣的情況下，我會思考這樣幾個問題：我是否已經盡了全力，是否還有什麼方法或什麼人能夠幫助我解決問題？我是否已經全面地思考過問題的方方面面，還是鑽在死胡同裏出不來？我是否能夠在目前情況下改善問題，那怕只是較小程度的改善？有時一些小小的改善積累起來可能最終就能夠解決問題。

我認為遇到問題的態度切忌慌亂，往往欲速則不達，因此要冷靜下來思考。另外就是切忌不停地抱怨，我遇到過很多人因為不停地抱怨不但給人留下了負面印象，甚至因為消極的態度錯過了解決問題的最後機會。

〈主考官分析〉

該應徵者首先表現了他不會輕易放棄解決問題的態度，懂得從各個角度去思考問題，並且會努力到最後一刻。

在表述自己遇到問題的態度方面，該應徵者也表現的非常完美，冷靜、不抱怨並積極處理問題是所有面試主考官都會欣賞的態度。

三、創造力

案例

 面試主考官：能否給一個最近你運用創造性方案解決企業問題的例子？

應徵者：現代企業越來越重視員工培訓，但是企業培訓課程一向是採用大家在一起由培訓講師為大家上課的形式，所以往往是理論內容偏多而缺乏實際操作演練和案例分析討論。當時我擔任公司的培訓協調人，在幾次培訓過程中發現，有很多理論部份的學習安排完全沒有必要，學員完全有自學能力，且偏重理論的培訓並不能在事後起到很好的效果。在這方面學員的抱怨也很多。

所以我在收集前幾次的回饋、聽取學員們的意見之後，同負責培訓的機構協商，決定採用一種新的授課方式。我請他們在培訓前一星期，把學習資料發放到學員手中，讓學員們自學。培訓課上講師只用 1/4 的時間來提煉理論精華，幫助學員們理解。其餘 3/4 的課堂時間用來進行實際操作演練和案例分析討論。這樣的形式收到了很好的效果，學員們都表示在培訓課程中學到了更多的有用知識。

〈主考官分析〉

該應徵者遇到的問題可能是所有培訓相關人員都曾經遇到過的問題，但是他不僅敏銳地發現了問題，更在面對這個老問

題時運用創造性的思維想出了新的解決方法，而不是忽視問題，這是十分重要的能力素質。

　　該應徵者給出的案例詳實，並在最後強調了他的創新方式帶來了很好的效果，這樣說不僅增加了可信度，更給面試主考官留下了深刻的印象。

四、決策能力

案例(1)

面試主考官：當你需要作出重大決策時，你會做那些事情？

應徵者：我會先掌握有關這個決策的所有數據和信息，並聽取相關人員的建議，基於充分的準備之後再做決定。如果這個決策所牽扯的面確實很廣，我可能還會做一些樣本測試來規避風險，如果通過測試確實認為沒有問題，再開始大規模的實施。完全正確且無風險的決策可能很難做到，但是我總會在力所能及的範圍內儘量充分地準備，儘量透徹地思考，並儘量規避風險。

〈主考官分析〉

　　該應徵者表現出了他面對重大決策時非常冷靜和成熟的一面，並且充分意識到如何規避風險的問題，給面試主考官一種處世成熟、思考全面的印象。

案例（2）

面試主考官：如果你面臨一個兩難的決策，我們假定兩種選擇的利弊完全相當，你會怎樣決定？

應徵者：首先，如果這是一個必須進行的決策，那麼無論如何我都會作出一個選擇，而不會逃避。而我選擇的依據是：如果利弊完全相當，我會看一下那一個決策更符合當前的利益，更具有可執行性，能夠獲得更多人的支持，因為只有這樣，才有機會將這個決策的利益發揮到更大，弊端壓縮得更小。

〈主考官分析〉

並非所有的決定都有標準正確的答案，但如果決定是必須作出的，不逃避是首要的。在這一點上該應徵者表現出了勇於面對問題的態度。雖然決策本身無法區分利弊，但該應徵者還是拿出了自己的選擇依據，這一點非常令人欣賞。

五、學習能力

案例

面試主考官：請給出一個你從工作的失敗中得到的教訓。

應徵者：我所得到的一個教訓就是要合理分配自己的精力，在自己不能完成時決不勉強答應接受工作。我在××公司工作的第一年，有一段時間我同時參與 3 個項目，在一開始

我也覺得可能自己的精力不夠，但是 3 個項目都很重要，我可以學到不同的東西，也都難以拒絕，所以我考慮之後還是把 3 個項目都接下來了。但在項目執行過程中，我常常忙不過來，到最後無論是在項目品質或時間期限上都有些含糊，完成得沒有預想的那麼好。從這件事上，我學到在以後的工作中對自己的時間和精力要有正確的安排，當不能兼顧的時候，要明白什麼具有優先順序。甚至在一開始，當自己覺得不能合理分配足夠的時間和精力在某項工作上時，我完全可以向別人說不，而不是一口答應，以致於最後不能按時、保質、保量地完成，這樣做是沒有意義的。

〈主考官分析〉

　　該應徵者的回答最佳之處在於表明了失敗之後對於經驗教訓的總結和吸收能力，並表明自己將在以後的工作中進行改進，避免再犯過去的錯誤，說明他是一個善於總結經驗、善於學習的人。

　　該應徵者的回答對當時情況描述詳細，但並沒有令面試主考官感覺該應徵者就所應聘的職位而言有任何的技能差距，反而強調了自己學習經驗的目的，淡化了失敗的印象，是十分巧妙的。

六、領導力

案例

面試主考官：我在你的簡歷上看到，你曾經帶領團隊完成了團隊的銷售指標，我能否分享一下你的成功經驗？

應徵者：我認為這是我和我們團隊成員共同努力的結果。我首先讓團隊成員知道必須完成的銷售指標是計劃銷售指標的 150%，使下屬們在心理上不會產生惰性，他們會為了 150% 這個數字而努力。

其次，對於存在困難的成員我會給予指導。讓每個人都全力以赴，都能克服困難，達到高效率。

最後就是在整個銷售過程中開展了 2～3 次全員總結會，在會上所有成員暢所欲言，同所有人一起分享成功與失敗的經驗，讓成功的經驗激勵其他人，讓銷售額暫時落後的成員相信自己有辦法領先，失敗的經驗則可以使其他團隊成員避免重蹈覆轍，從而帶動所有成員共同來完成團隊的目標。

〈主考官分析〉

該應徵者因為給予其團隊成員明確的願景和目標，並通過不斷激勵下屬來完成更高的績效標準，最終 150% 地完成了團隊目標，這是對他的領導能力很好的體現。

在回答中，該應徵者思路清晰，抓住了能順利完成目標的要點並逐一說明。且突出了每個團隊成員在其過程中的重要

性，給面試主考官留下了謙虛、謹慎的印象。

七、溝通影響力

案例（1）

面試主考官：你認為怎樣的溝通才是有效的溝通？

應徵者：我認為有效的溝通必須具備以下三點。第一點是要有理有據。也就是說在和別人溝通之前要收集合理的事實和數據來支持自己，並且要進行合理的準確的溝通，態度不能咄咄逼人。

第二點是要因人而異。每個人的性格脾氣都不同，要根據他們的特點來採取不同的溝通手段和方式方法。只有一種溝通方式是遠遠不夠的。

第三點就是要學會換位思考。人常常會站在自己的立場上去看問題，只考慮自己的利益和損失而忽視了別人的感受。我們需要學會一種站在別人的立場上看問題的態度，以期達到雙贏的效果。

〈主考官分析〉

該應徵者思路清晰有邏輯性，從溝通能力三個方面的表現中抓住了本質的要點，全面表現了自己是一個瞭解溝通內涵並且會溝通的人。這樣能夠非常有效地讓面試主考官瞭解應徵者在溝通方面的能力。

案例(2)

面試主考官:假設你是一名客戶服務人員,接到一名顧客的投訴電話,他 12 天前購買的產品突然無法運作了,要求更換。但是根據企業規定,產品只有在購買日起 10 天內才給提供調換,這時你會如何處理?

應徵者:首先我會站在他的角度看待整件事情,對他的情況表示關心、同情和體諒,為我們此後的溝通建立一個良好、融洽的氣氛。

然後我會告訴他公司的規定,請他也體諒我,使他明白我無權因為他而破壞公司的規定。但是為了能更好地提供我們的服務,我可以免費為他調換產品出現問題的零件。最後,我會對這位客戶進行服務跟蹤,定期關心產品的情況,為他提供及時的人性化服務。

〈主考官分析〉

這是一道角色扮演類的題目,該應徵者能利用換位思考,從客戶的立場出發看待問題,而不是一開始就撇清責任,從而獲得融洽的溝通氣氛,這是十分難能可貴的。有好的氣氛,才能保證有效溝通的進行。

企業的規章制度是員工必須維護的。該應徵者在維護原則的基礎上做了變通,既維護了公司利益也維護了客戶利益,達到了雙贏,強有力地反映了該應徵者的溝通能力和客戶服務能力。

八、團隊合作能力

案例

面試主考官：你認為在以前的工作團隊中，你擔任的是什麼角色？

應徵者：我在過去的工作團隊中主要擔任的是智多星的角色，為其他成員獻計獻策。我是一個有創造力的人，能從不同角度來看問題，經常可以給別人新想法，產生新的解決方案。而在項目中我也經常充當臨時協調人，以項目領導的身份來協調工作。

面試主考官：你認為如何才能有效進行團隊合作呢？

應徵者：我想最重要是每個成員都必須關注團隊整體目標，而不是個人利益。團隊的整體目標關係到團隊中每個人，所以基於完成共同目標的意願，大家能開誠佈公地分享經驗，有效溝通，貢獻所長，才能有效地進行合作。

〈主考官分析〉

　　該應徵者在團隊擔任的是智多星的角色，這類角色要求對他人的想法也抱有很大的熱情，並能對一個問題擁有不同的解決方案。他能夠從自己在團隊中的角色出發，強調自己是為團隊中其他成員貢獻新的想法，突出了其團隊合作的能力和在團

隊中的作用。

在對第二個問題的回答中，該應徵者從團隊合作的前提即團隊共同目標入手，表現了自己對有效團隊合作的認識。

九、執行力

案例

 面試主考官：從組織的層面來看，你如何促進一個專業項目的有效實施？

應徵者：從組織層面來看，要促進一個項目的有效實施，需要明確這個項目需要那些部門的那些人參與和支持，那些人的反對可能影響項目的進行，誰是這個項目最關鍵的彙報對象；項目中的那些環節可能並不適合基於目前的企業氣氛去實行；最終評判項目成功與否的標準是什麼，誰來判斷，我如何能夠獲得這個人的指導和認同。

〈主考官分析〉

該應徵者思考的角度非常全面，涉及推進一個項目中所涉及的組織中的方方面面，這就能夠避免很多項目在機構複雜的大企業無法推行的問題。因此機構複雜的大企業尤其欣賞在組織問題上具有敏感度的候選人。

十、敬業力

案例

面試主考官：假設你發現你的上司的一個工作舉措是有違公司規章制度的，你會怎麼處理？

應徵者：首先我會與我的這位上司進行簡單的直接溝通，用一種比較好的委婉的方式提出我對他這項舉措的困惑，向他確認是不是由於我自己有什麼認識上或經驗上的不足，而導致我對這項舉措認識上有偏差。當我確定這並不是一個誤會，不是我認識上的偏差時，我會明確指出他的做法與公司的規章制度是有衝突的，並給出自己的建議。如果上司堅持違背企業原則，違反企業的規章制度，我會進一步與更高層溝通。

面試主考官：你不會擔心你的上司會因為這件事而對你有看法嗎？

應徵者：我認為自己這樣並沒有做錯。這是一個員工誠信的問題，我作為企業的一員就有必要堅持維護企業的利益和規章制度。在這樣的情況下，我應該堅持正確的事而非看似正確的人，否則就是有違我的職業道德。

〈主考官分析〉

應徵者面對這樣的情況時，表現出了良好的誠信品質，時

刻把企業利益放在首位，盡職盡責。在面對權威時，堅持正確的事而非正確的人，這一點非常重要。該應徵者的回答使面試主考官感到他是一個堅持職業道德、能真正維護企業利益的人，而這類人往往是最受企業青睞的。

在對上司的舉措存在質疑的時候，該應徵者採用了婉轉地與上司直接溝通的辦法是十分值得提倡的。因為在不完全瞭解事實，也沒有與上司溝通的基礎上，完全有可能產生誤會，而溝通可以避免這樣的誤會。

十一、適應變革的能力、抗壓力

案例(1)

面試主考官：你如何看待變革？假如組織的變革會造成你固有利益的損失，你會如何處理？

應徵者：我首先需要明確瞭解變革的原因和變革的願景，當對這些情況瞭解之後，我會儘量用積極的態度面對變革。當然沒有人願意損失固有利益，但是如果變革確實對企業有利，那麼最終所有員工都會受益，畢竟「皮之不存，毛將焉附」。我認為在這種狀況下，我需要做的不是抵制變革，而是以最快的速度對變革進行反應，從而不但能夠以最快的速度適應變革，還能夠最大化自己能夠得到的利益。

〈主考官分析〉

該應徵者對變革的態度能夠從企業的宏觀角度著眼，非常

具有全局觀。

　　對於造成固有利益損失的問題，該應徵者的回答非常巧妙，他會通過快速反應來爭取更多的利益，這恰恰是很多企業所欣賞的。

案例（2）

面試主考官：你的團隊最近有何轉變嗎？你如何帶領你的團隊進行轉變？

應徵者：我們正在進行工作流程方面的改變。我首先會讓團隊成員瞭解我們為什麼需要轉變，轉變最終可能會實現那些目標，轉變過程中可能遇到的風險和機遇，以及讓他們瞭解轉變可能不是一個一蹴而就的過程，在轉變中可能會存在一些流程混亂的時期，希望他們能夠克服。我認為在轉變中，最需要做的就是這樣幾件事情：勾畫願景、管理預期並進行持續溝通。

〈主考官分析〉

　　該應徵者思路清晰敏捷，對於轉變中可能造成的問題有較深的認識。可以判斷這是一位思考方式和行事準則都非常成熟的管理者。

十二、高效的工作能力

案例

面試主考官：你是如何保證自己穩定地處於一種高效的工作狀態的？

應徵者：首先我加強了自己的時間觀念。今日事今日畢，如果是一小時的工作量，我絕對不會用兩小時來完成，這樣就大大減少了工作時間的浪費。其次我制定了每天、每月甚至一年的工作計劃，對時間和工作量進行合理的安排。確保我的目標明確，職責清晰，並對計劃內的工作早做安排。一旦在計劃內的工作項目，絕不拖延，在時間和品質上絕不含糊。最後為了達到高效工作的目的，我會盡可能考慮週詳，預料到更多的可能發生的狀況，避免人力和物質資源上的短缺現象，保證工作不因外界因素而耽擱。

〈主考官分析〉

該應徵者從自身的經驗出發，總結了保持高效率工作的要點，邏輯性強，表達清晰，能很好地感染面試主考官。

十三、自我管理能力

案例

面試主考官：你通常是如何有效規劃你的工作資源的？

應徵者：對於物質類的工作資源，我首先會瞭解它的數目和在不同的工作階段的分配情況。對其使用情況作出明確的規劃，最大程度地發揮資源的作用。同時我會從成本角度出發，合理利用資源，杜絕資源和資金的浪費。

而對於時間、人員等資源，我會在最初就明確工作進度和計劃，合理安排，嚴格按照計劃來進行工作，杜絕因時間和人員配備上的問題而造成工作的延遲。我認為只有有效地規劃我的工作資源，才能使自己的工作更有條理，實現自我管理。

〈主考官分析〉

該應徵者從合理規劃工作資源入手，把工作資源分成了物質和時間、人員兩部份，分別具體描述，使面試主考官相信該應徵者是一名懂得規劃自己工作和資源的員工。

十四、充滿工作激情

案例

面試主考官：通常怎樣的工作情形會讓你產生沮喪的

情緒？

應徵者：如果由於自己一時疏忽而讓機會從手中溜走，那我會感到十分沮喪。因為我是一個對工作很有激情的人，一般情況下，一旦決定了工作目標，我就會想要馬上把它落實到行動上。也可以說我是一個很具有行動力的人。我總是希望自己在工作中做得更好，力求用最好的方法解決工作問題。無論遇到怎樣的困難，我都喜歡接受挑戰，渴望在克服困難的過程中超越自我。如果有業務機會在自己面前，我絕對不允許機會溜走，如果因為我自己原因而沒有把握住，我會感到很沮喪。

〈主考官分析〉

面試主考官有意瞭解該應徵者的工作熱情，採用從反面詢問的方式，如果應徵者也大肆描述自己的沮喪，則很容易被面試主考官認為是缺乏工作動力和激情的人。但是該應徵者巧妙地避開了陷阱，恰倒好處地體現了自己是一個充滿工作激情的人，是十分高明的回答。

心得欄

- -
- -
- -
- -
- -
- -

第二節　專業能力的面試問答範例

〈主考官問題〉

- 你認為自己的工作能力怎樣？
- 你是否認為在自己所在的領域中已具備專業水準？
- 你對自己的專業能力有信心嗎？如果沒有，你認為自己距離專業水準還有多遠？

〈考查項目〉

1.考查應徵者對於自己專業領域的瞭解程度。

2.考查應徵者對於自己專業知識的瞭解程度。

3.考查應徵者是否虛心，對自己是否有一個清楚的認識。

　　這個問題可以告訴我們應徵者對工作情況的瞭解程度如何，同時它還可以表明應徵者是否將自己看做是一個認真的、有職業頭腦的人，而不僅僅是一個找工作的人。

　　這樣的回答並不能算過關:「你必須真正擅長自己所做的工作。一旦你在自己所處的領域取得成就並將成就展示出來之後，人們就會把你當作一個專業人士看待。我認為這需要時間，而且也需要做大量的工作，但我認為這樣做最終是值得的。」在這種回答中，應徵者將專業主要看成一種應該獲得的東西，而不是優秀員工(或潛在員工)應該具備的素質。另外，通過強調其他人的看法(即被當作專業人士來對待)，應徵者認為專業

主要只存在於別人的眼中，而不是存在於員工的行動中。

得體回答應該像這樣：「對我來說，作為一名專業人士，意味著在做任何工作時都要盡一切努力實現預期結果。同時，也意味著要對自己的表現負責。作為一名專業人士，最重要的是要自己監督自己——也可以叫做自我品質控制。」這種回答的最大優勢在於他的語言。通過使用「實現預期結果」、「對自己的表現負責」以及「自我品質控制」之類的語言，表明應徵者很少需要監管就能完成任務，而且也理解自我激勵的重要性。

 〈主考官問題〉

・你是怎樣準備這次面試的？

・對於這次面試，你做了怎樣的準備？

・在面試之前，你對於這次求職是怎樣計劃的？

・你對我們公司做過詳細的調查嗎？

 〈考查項目〉

1.考查應徵者的計劃能力和組織信息的能力。

2.考查應徵者在面對一項工作時是否能夠迅速而有條理地展開工作。

3.考查應徵者對這次面試是否有足夠的重視。

這個問題通過瞭解應徵者和面試主考官共同關心的事情——面試，可以反映應徵者的計劃能力。聰明的應徵者會明白這是一個展示自己的絕好機會——可以利用它展示自己的計劃能力和組織信息的能力。

但一些應徵者可能會這樣回答：「我不需要作太多的計劃，

我一直都準備在一個業績優秀的企業工作。對我來說，這是很自然的動力，所以我只用了一點時間來考慮貴公司對我是否合適，最終我認為在這裏我可以大顯身手。」這種回答除了表明應徵者缺乏計劃能力外，他還主觀地認為面試主考官重視自發性。應徵者沒有意識到，面試主考官提出這個問題是為了考查其在項目管理技能上是否存在缺陷。

聰明的應徵者會這樣回答：「我研究了你們的年度報告；然後，我在主要的貿易期刊上查找了有關貴公司的文章，其中一些重要文章促進了我對貴公司的瞭解；接著我聯繫了一個我認識的人，詢問他對你們企業的印象——他最近與你們公司有些接觸。我把瞭解到的情況都記了下來，而且還在來之前復習了這些筆記。」這種回答顯示了應徵者在工作上頭腦清晰、有條有理，也反映出應徵者具有解決問題的能力以及搜集必要信息的能力。

〈主考官問題〉

- 你認為作為一個成功的經理人，你需要付出那些努力？
- 你認為一個成功的經理人應該是怎樣的？
- 為了成為一個成功的經理人，你有什麼計劃？

〈考查項目〉

1.判斷應徵者的發展潛力有多大。

2.考查應徵者對於此工作崗位的認識程度。

3.瞭解應徵者對於自己未來的發展有無一個明確的計劃。

這個問題可以用來考查應徵者在企業內的發展潛力。即使

他正在申請的工作沒有管理職責，他的回答也可以讓面試主考官深入瞭解他的管理潛力；同時可以深入瞭解應徵者眼中的經理會是什麼樣子。

大多數應徵者可能會這樣回答：「為了確實能熟練地處理事務，我認為，除了管理別人之外，一個成功的經理還應該更多地瞭解有關工作的信息。這是唯一能夠對員工保持控制的方式——只有知道得比他們多才能對他們加以控制。一旦你失去威望，你就很難再挽回。你必須要比自己的員工領先一步。」這種回答的第一個問題在於，在應徵者看來，管理責任聽起來像是充滿敵意的，而不是合作性的；更大的問題是，應徵者認為，在被管理的所有員工中，在他們所從事的一切事情上，管理者都應該比下屬知道得多，在他看來，這不僅是可能的，而且更是可取的。而事實上，任何人只要瞭解技術、信息傳播以及企業流程等方面變化的頻率和速度，他就會知道這種方法是不切實際的，也是註定要失敗的。

因此，正確回答應該像這樣：「一個成功的經理應該能夠及時分析形勢，確定合適的戰略並採取行動。然而，我認為最重要的是能夠理解別人。每個人都是獨一無二的。意識到這一點並且在工作中適應每個人的工作方式，這就是成功管理的全部內容。」這個回答儘管只有幾句話，但它清楚而自信地表達了應徵者的工作方式，說明應徵者有一種行之有效的管理方法。這種回答還表明，應徵者理解管理的難度。這對於真正的管理人員來說是一個比較合適的回答。

〈主考官問題〉

· 在決定這職位聘用時，你認為那些資格是重要的？

· 你認為你競聘這個崗位的最大優勢是什麼？

· 你如何理解你所應聘的這個職位的要求？

· 如果讓你馬上開始工作，你將從那部份著手？

〈考查項目〉

1.考查應徵者如何理解自己的工作內容。

2.考查應徵者對於本職位的工作重點是否有一個清晰的認識。

3.考查應徵者對於自己的核心競爭力有沒有一個清楚的認識。

通過這個問題對應徵者發問，面試主考官可以獲悉應徵者如何理解這一職位的要求，以及他（她）如何理解企業的工作重點。

這樣回答並不能算過關：「我會聘用像我一樣的人！我聰明、能幹，而且能夠自我激勵，這正是這個職位需要的品質。它需要一個迫切希望得到這份工作的人。」在這種回答中，應徵者並沒有接受面試主考官的挑戰，也沒有進一步將談話重點轉移到自己身上，結果就註定了他（她）無法看到問題的全部。這種回答還使應徵者看起來好像非常迫切地希望得到這份工作，這是一個十分嚴重的偏失。得體的回答應該像這樣：「我認為 21 世紀對企業提出了一些真正的挑戰。如果我做招聘者的話，不管什麼職位，我都會考慮以下幾個方面：我想招聘那些

既可以作決策又能參與團隊工作的人；我想招聘能理解全球競爭但又不害怕全球競爭的人；最後，我想招聘能真正意識到品質和服務是企業成功之本的人。」儘管回答得很簡單、很直接，但應徵者表明了自己能夠發現企業的需要，而且也能理解企業的需要。通過關注團隊工作、決策、全球市場、品質和服務，應徵者清晰地闡述了 21 世紀企業面臨的幾個工作重點。

 〈主考官問題〉

- 你是否認為大學的學習成績決定你在企業的成功程度？
- 你的大學成績不錯，你是否認為這是你事業成功的保障？
- 你認為你在大學學到的知識能給你的工作帶來多大的幫助？
- 你的大學成績似乎並不優秀，你怎樣看待你的學習成績與你工作能力的關係？

 〈考查項目〉

1.考查應徵者對於學習成績與工作能力的看法。

2.考查應徵者是否是個容易驕傲的人。

3.判斷應徵者對自己的未來是否有自信。

　　面試主考官問這個問題有兩個目的：如果應徵者在學校成績很好，面試主考官希望通過這個問題讓應徵者知道，工作上的成功與學習上的成功並不一樣；如果應徵者在學校成績不佳，面試主考官希望通過這個問題瞭解到，應徵者是否認為自己解決問題的能力有所欠缺。

　　學生時代成績不佳的人可能會這樣回答：「我認為成績不能說明所有問題，看看微軟總裁比爾·蓋茨，他現在成了世界首富，但他在校成績很一般，甚至連大學都沒讀完。因此我不認為成績能有多大作用。」這樣的應徵者很明顯沒有明白面試主考官的意圖，而且他的回答還反映出了他的價值觀有問題——他錯誤地把一些個案當做普遍現象，而且這成了他為自己開脫的藉口。

　　而學生時代成績不錯的應徵者可能會這樣回答：「是的，我認為是這樣的。如果像我一樣在一個好學校取得這樣的成績的人，那就意味著他也能夠在工作中取得成功。」這也不是一個好的回答，因為這表現出了應徵者的傲慢，同時也說明應徵者不理解學術問題與工作問題的差別。

　　對於學生時代成績不佳的人，這樣回答是比較得體的：「我認為有能力取得好成績是很重要的。如果一個人每科成績都不佳的話，那就會讓人非常擔心。然而，並非所有人都能在每一個科目上取得優異成績。對於來說，重要的是在個人學習成績中要有一些突出的地方，因為這些地方代表著一個人的潛力。」

　　對於成績好的應徵者，像這樣的回答是比較得體的：「雖然規劃學習生涯不會像管理高難度工作那麼複雜，但是我認為兩者之間存在著聯繫。我認為，取得優異的學習成績的最大意義是它可以反映一個人追求卓越的決心。」

　　以上兩種正確的回答都從正面反映了應徵者的觀點，第一種回答指出了應徵者有一些不錯的學習成績，第二種回答指出了應徵者卓越的追求。這兩種回答都以第三人稱的形式進行了有效表述，從而避免使自己看起來過於謙卑或者過於傲慢。

第三節　職業傾向的面試問答範例

〈主考官問題〉

· 您有那些職業發展計劃？

· 未來的五年你希望在此職位獲得怎樣的成就？

· 你對以後的職位有何期望？

· 您對未來的工作有何考慮？

· 你希望本企業對你的發展有何幫助？

〈考查項目〉

1.考查應徵者對自己未來職業的適應能力。

2.考查應徵者職業時間上的穩定性。

3.考查應徵者對職業的忠誠度。

4.試探應徵者是否具有經營志向或職業意圖。

這個問題在應聘時非常有效，它可以激發應徵者作出理想回答。常言道：不想當將軍的士兵不是好士兵，因此面試主考官在這裏更想看到的是他們的「野心」，或者從應徵者的回答中得到某些能判斷他們優劣的信息。需要指出的是，企業應該注重應徵者的「野心」，因為野心往往是伴隨著卓越的自我創造能力而產生的，但也應觀察判斷應徵者是否決定忠心地效力本企業。

對面試主考官來說，現實的回答永遠是最好的回答。一般

進入企業，至少需要三四年的努力奮鬥才會談到發展，然而只幹了短短幾日就跳槽並大肆詆毀企業缺乏晉升機制的情況比比皆是。在觀察應徵者回答時要注意應徵者有無急功近利的一面。比如說，有的應徵者回答此問題時脫口就是「我希望當上總經理」，或者是提出了某些空泛的頭銜。這時候作為面試主考官應該提醒應徵者，他現在所應聘的職位同他所期望的職位之間的關係。倘若應徵者還是給不出現實的回答，就可以基本認定此人存在急功近利的心態。

類似這樣的回答可以視為合格：「企業為員工鋪設的成功道路應該是不斷變化的，因此我現在還無法預料到我最終能在此走多遠。但我認為關鍵是尋找能發揮自己才能的工作職位，一旦找到，我會全心全意為企業工作，我相信在貴企業只要有付出就會有回報。」「我做過幾種工作，所以我非常珍惜每一個能夠給我提供長期發展的機會。我會更珍惜這份體面的、穩定的工作。我的各種經驗是一種財富，我學到很多東西，我可以把它們用於今後的工作中。」

〈主考官問題〉

・你對於工作中的細節處理有什麼高見？
・你是否曾因為細節而導致過不可預料的損失？
・你平時工作注意細節嗎？你是怎樣處理細節與大局之間的關係的？

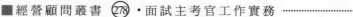

 〈考查項目〉

1.考查應徵者是否是一個細心的人。

2.考查應徵者對待工作的態度是否一絲不苟。

3.考查應徵者是否會過於關注細節而忽視大局，或過於在乎結果而忽視過程。

應徵者的回答將暴露出他是否是個粗心大意的人，並將揭示他的品質觀念以及做細緻工作的意願和能力。

有些應徵者會這樣回答：「我認為，當細節能影響某種結果時，它就是重要的。有時人們花費太多的時間關注細節，會使他們的速度減慢，還會妨礙他們完成工作，這是非常不應該的。我覺得有些人根本不知道什麼時候應該前進。」這種回答的最大問題在於，它有點近似於抱怨，貶低了注重細節的人。應徵者沒有意識到的是，在競爭環境中，往往由於密切關注細節才會使企業與眾不同。

正確回答應該像這樣：「我認為，關注細節能夠將一般性成果轉變成優秀成果。我相信，從項目開始實施，品質控制的背後就包含了一種管理方式，這種方式可以確保項目實現預期的最佳結果，而且可以保證項目在後續階段不會出現問題。」這種回答可以使面試主考官確信，應徵者理解企業的品質控制需求，表明應徵者理解計劃過程，思考了過去項目的計劃和組織，而且還可能在這方面取得過成功。

 〈主考官問題〉

·我們為什麼要聘用你？

- 你的優點有那些？
- 你認為你能勝任這個職位嗎？
- 你有什麼出眾之處？你覺得你與其他應徵者相比，最大的優勢是什麼？
- 你能為我們公司帶來什麼？

 〈考查項目〉

1.檢測應徵者的沉著程度和自信程度。

2.試探應徵者是否狂妄自大。

3.看應徵者對自身是否有足夠的瞭解，對於應聘此職位是否有足夠的準備。

在挑選應徵者的過程中他們對自己成就的評價最具說明性。雖然有數據表明，只有 25%的人在工作中能清醒地意識到和能夠表明自己的與眾不同之處；但在篩選管理人員時，這個問題以及應徵者所作出的回答在最終定奪前必須提及和記錄。面試主考官的目的在於測試應徵者的沉著與自信，「我能做好這份工作」或是「我相信自己這方面有專長」這樣的回答雖然直接，但表達得還不夠明確。在挑選人才的過程中，面試主考官就如同伯樂相馬一般，因此需要知道這些應徵者中那一個是最好的，是最適合此職位的，並對他進一步進行深入瞭解。在這個問題上，應徵者是否誠實地回答也是關鍵。

應徵者能給予的最好的答案莫過於直接、真實並附上事例加以證明，在必要的情況下也可由面試主考官來提醒應徵者提供一些真實事例。比如應徵者在以前的工作中改進工作效率、降低成本、增加銷售額等。另外，面試主考官還要注意應徵者

提供的這些事例是否同應聘的職位有所關聯。

　　在面試過程中，要注意一些應徵者語言中流露出的對別人的詆毀，對自己成績的自吹自擂等，即使他的成績是真實的，這樣的表述方式也證明了他並不謙虛，可能會影響他今後的進步或是成為團隊中的不穩定因素。另外，回答問題時對給自己羅列太多優點的人也需注意，這樣的應徵者很可能對自己缺乏客觀的評價，面試主考官應該時刻保持清醒，在應徵者的言行舉止中找出有用的信息。

　　〈主考官問題〉

- 迄今為止，你最大的成就是什麼？
- 你想像中的成功，是通過怎樣的途徑獲得的？
- 對於一個企業來說，如何界定成功的定義？
- 您能列舉幾個你最富有創新性的工作成績嗎？
- 你認為你在工作中體現的最大價值是什麼？

　　〈考查項目〉

1. 通過和應徵者分享他的成功經驗考查應徵者的價值觀。
2. 考查應徵者對事業、工作的理解是否現實合理。
3. 考查應徵者最容易在那個工作崗位作出成績。

　　這個問題是聰明的面試主考官巧妙地利用的一種技巧，在心理學領域稱之為「適度分享」的溝通技巧。面試就像兩個不同文化背景和地位的人在進行談判，而談判總是在很緊張的氣氛中進行，讓應徵者適度放鬆正常發揮也有利於招聘工作的進行。運用這種技巧的前提就是應徵者願意與你分享他的成功經

驗。一旦雙方能達成相互理解，應徵者就能比較全面地與面試主考官們交換其個人翔實的信息。

　　另一方面，面試主考官問這樣的問題是在考查應徵者的價值觀，透過應徵者透露出的自己的判斷標準和崇尚的目標，既可考查應徵者對事業成功的理解以及應徵者的理想是否現實，還能瞭解應徵者的目標和志向。如果應徵者能夠結合行業、企業的情況來回答，不失為一種聰明得體的回答，比如：「我注意到過去兩年來，貴企業推出了一系列新產品，採取策略佔領市場，謀求發展。所以我覺得你們界定成功的尺度，應該是新產品是否能居同類產品的榜首。」這個回答顯示了應徵者對企業有一定的瞭解，說明了應徵者高度關注該企業及企業對成功的定義。或者如：「企業為員工鋪設的成功道路在不斷變化，員工也應該作出與此相適的變化。關鍵是要尋找能發揮自己才能的工作。一旦找到，我會全心全意地為企業工作，我相信只要付出努力，事業定會有所成就。」這種回答表明了應徵者理解工作要隨市場的變化而變化，理解企業對員工個人能力的要求，理解個人事業的成功與個人表現息息相關，回答中沒有不切實際的期望。

 〈主考官問題〉

- 你的工作風格是趨於穩定還是趨於風險？
- 你喜歡安穩的優越，還是艱辛的激情？
- 在工作中你如何看待壓力問題？
- 你希望今後的工作中充滿挑戰嗎？
- 你擅長處理突發事件還是每天重覆性的工作？

〈考查項目〉

1.考查應徵者是否願意面對工作中的壓力和挑戰。

2.通過應徵者的回答來判斷他是否適合應聘的職位。

3.考查應徵者是否有潛力。

只要能夠適應未來的工作挑戰，就會得到更多回報。而尋找這樣的人才，這本身就是管理人力資本的一個挑戰。企業需要的是知識型員工，對於知識型員工而言，一個人覺得其生命有價值的時候都要依附一個有價值的團隊。有諮詢公司對高學歷人員的調查表明，在選擇職業中，知識型員工會把工作挑戰、接觸新技術的機會、適應環境的機會等放在前面。這表明知識型員工不僅要考慮自己在現在市場上的競爭力，還考慮在未來市場上的競爭力。如果給錢讓他去做輕鬆的活他是不會去的，因為他懂得今天拿這個錢，明天可能就是零了，他必須考慮自己在市場競爭中怎樣不斷地升值。因此對知識型員工的管理，必須尋找更具挑戰性的工作。對於企業，毋庸多說，需要的就是這樣的人才，因為他們在承受工作壓力方面具有突出的表現，其與眾不同的特質就在於能將壓力轉換為動力的能力。

〈主考官問題〉

· 你為什麼覺得自己能夠在這個職位上取得成就？

· 你對自己做這份工作有信心嗎？

· 你為什麼認為自己會在這個職位上有所成就？

· 你認為自己的核心競爭力在那裏？

〈考查項目〉

1.考查應徵者的自信心如何。

2.考查應徵者對自身是否有一個明確的認識。

3.考查應徵者對這個職位的瞭解程度如何。

這是一個相當寬泛的問題，它給應徵者提供了一個機會，可以讓應徵者表明自己的熱情和挑戰欲。對這個問題的回答將為面試主考官在判斷應徵者是否對這個職位有足夠的動力和自信心方面提供關鍵信息。另外，應徵者要回答這個問題，不能僅僅是回答「我能做好」這麼簡單，還要詳細地表述這份工作的內容，結合自己的能力來論證為什麼會有自信做好這份工作。

很多應徵者會這樣回答：「我擅長做很多事情。如果我能得到並且決定接受這份工作，我確信自己可以把它做得相當好，因為我過去一直都很成功。」儘管表面上聽起來這種回答表明了應徵者良好的自信心，但是它在幾個方面都有欠缺。首先，這種語言很無力。像「擅長做很多事情」以及「相當好」之類的話，都無法反映他的進取心，而如果不能表現出足夠的進取心，他的說法就很難立住腳，很可能是在誇誇其談。另外，將過去做過的所有事情同這個職位聯繫起來，這意味著應徵者對這一特定職位沒有足夠的成就慾望和真正的熱情。

得體的回答應該像這樣：「從我的經歷來看，這是我的職業生涯中最適合我的一份工作。幾年來，我一直在研究這個領域並且關注貴企業，一直希望能有這樣的面試機會。我知道貴企業的工作方式，因為這也是我一直推崇的工作方式，我認為這種方式效率很高。另外，我擁有必備的技能——我在大學主修

此專業，並有豐富的工作經驗。我非常適合這一職位，也確實能做好這份工作。」這是一個很有說服力的回答，因為它可以告訴我們，這個應徵者擁有足夠的技能和知識來完成這項工作。他所講的故事表明了他的技能，也驗證了他最初的陳述。最後，應徵者表示了「做好這份工作」的願望，這證明了他具備對這份工作的熱情和進取心。

第四節　團隊合作能力的面試問答範例

　　〈主考官問題〉

・對於上一份工作，你喜歡或不喜歡之處在那裏？

・談談你從前的工作？

・你在以前工作中所取得成功的原因是什麼？

・以往工作中您的職責是什麼？

　　〈考查項目〉

1.考查應徵者的表達能力。

2.通過應徵者的表現判斷應徵者在團隊中是否受歡迎。

3.通過瞭解應徵者以前的工作表現來推測的工作能力。

　　這個問題首先主要考查應徵者的語言組織及表達能力以及描述的條理性。對於這類問題，面試主考官要清楚，想要瞭解的信息並非是應徵者的成功事例，關鍵是應徵者闡述他作出以往工作成績的原因。應徵者的答案應簡短、全面、重點突出，

然後從他的工作經歷，個人、專業簡況和履行職責的簡況中歸納出他的特點，並對這些信息在下面的問題中進一步驗證。可以要求應徵者從他的經歷中列舉一個典型事例來闡明他的這些觀點。

　　值得注意的是，一些應徵者喜歡通過表現自己對上一份工作的厭惡，來抬高自己對現在應聘的這份工作的喜愛，這是不正確的。因為批判自己從前所從事的工作或批評前任僱主會給面試主考官一個危險信號：他可能是一位好惹事的員工。沒有人願意僱用好製造事端的員工，這就是問題背後的真實含義。他的回答應該是簡短且持積極態度。對於過去的工作單位只能指出一些不足之處。例如，他前任僱主唯一不能提供的是「更多的發展空間」，緊接著他可以說：「我確實很喜歡我原來的工作，我離開的原因是想找到一個自己能作出更大貢獻的職位。」這樣的心態才是一個積極的員工應具備的心態。

　　更加得體的回答應該像這樣：「我將我的成功歸功於三個原因。第一，我總是從我的同事那裏得到支持，他們的支持激勵我在工作中積極合作，並從我們一個部門的目標角度去看待我的具體工作。這也使我對我的工作感到非常自豪，並因為我為整個部門所作的貢獻感到驕傲，這是第二。最後一點，無論從時間還是經費上講，我發現每項工作都有困難之處，一方面總有經費花費比較多的解決問題的方法，另一方面則也通常有一種較經濟的方法，而我通常能找到較經濟的解決問題的方法。」

 〈主考官問題〉

・什麼樣的工作環境和條件會影響你工作的完成？

· 你對瑣碎的工作是喜歡還是討厭？

· 你是否能長時間忍受枯燥單調的工作？

· 在什麼樣的工作條件下你的工作效率會受到影響？

 〈考查項目〉

1.瞭解應徵者的價值觀。

2.通過瞭解應徵者的價值觀來推測應徵者適合那種工作類型。

3.從負面影響來判斷應徵者的工作動機。

要從這個問題中瞭解應徵者的價值觀，並且依靠他的價值觀與工作本質、公司發展狀況、企業文化等相互構成交集面的多寡，作為判斷應徵者合適與否的依據之一。

看似一個個人化的問題，可以挖掘出應徵者內心深處的職業傾向，從負面影響來判斷一個應徵者的工作態度，通俗一點就是他的工作作風。不同企業有不同的文化背景。企業主要是想找到一個適合自己企業文化發展的人才，他們的工作態度非常重要，因為企業文化是建立在員工直接默契的團隊合作的基礎之上的，至於缺點，就更需要開誠佈公地相互交流。在企業中，不懼怕問題發生，懼怕的是員工在問題面前熟視無睹。

按照心理，人們是不願做瑣碎的工作的，但面試主考官明知此而又問，聰明的應徵者應該會明白這個問題「醉翁之意不在酒」，而在「工作態度」。因此，應徵者應該從企業利益方面表述他們的態度，當然某些過於坦率的回答固然是基於個人合情合理的表達，但不明白此問題深層含義的應徵者，很難保證他會真正將工作態度視為工作中的重要方面。工作中的煩惱一

定是客觀存在的，應徵者應該將這看做是不可避免的，並清楚在工作中「缺乏耐心」是人之常情，並不能和工作能力的高低畫等號。

 〈主考官問題〉

- 你應聘的是高級管理職位，能否根據你的工作經驗談談你對管理的認識？
- 假如給你一個非常鬆散的團隊，你如何領導？
- 你是一個好的經理人嗎？舉例說明。

 〈考查項目〉

1.考查應徵者對於管理工作的經驗與理解。

2.考查應徵者的管理風格是否和本企業的一貫風格相符。

3.考查應徵者在管理工作上的理論熟練程度。

　　這個問題僅適用於那些應聘高級管理職位的應徵者。「經理人」是管理學界最炙手可熱的辭彙，企業招聘的是高級管理人才，當成為一個 executive（高級經理人），他要做的將是兩件事情：要麼使某一想法、服務或者產品呈現出來，要麼判處某件事情或者某人「死刑」，淘汰出所在的企業。正是這兩件事情，把高級經理人同一般經理人區別開來。作為高級經理人，他應該既能夠使事情發生，又能夠「槍斃」某些想法或炒掉某些人。企業在挑選管理人才時，應把握的原則是首先強調「最合適的」，之後再考慮「最優秀的」，所以提出上述的問題主要是為了甄別一個適合自己企業管理文化發展的管理人才。

　　在使用此問題考查應徵者時，面試主考官應該清楚，開明

的、開放的管理是最好的，但是必須按時完成工作並及時報告他的上司。他的回答應著重於取得的成績和執行過的任務，強調管理技能、計劃、組織、控制、與人的交往能力等。在推斷應徵者的心理時，要根據企業的管理文化，當然盡可能地獲悉本企業最高領導層的管理風格，工作經驗和管理理念必須和企業的管理文化相吻合，有的放矢。鑑於此，要引導應徵者在論述管理理念時盡可能地談及工作事例和心得，提出更新的管理理念。

值得注意的是，把握企業招聘人才的原則首先要「合適的」，其次考慮「優秀的」，所以偏離任何一個角度的回答都不是理想的；紙上談兵更是不可取的，因為管理是實際的、看得見的藝術，理論知識的淵博並不代表一個人的領導才能。

 〈主考官問題〉

・你曾經從事的與你的專業最不相關的工作是什麼？
・你做過你不熟悉的工作嗎？
・你的專業好像和這個職位不符，你不介意自己的專業得不到實踐嗎？

 〈考查項目〉

1.考查應徵者的自我認知能力。
2.考查應徵者的應對能力。
3.考查應徵者的專業知識水準如何，是否存在問題。
4.考查應徵者對自己未來職業生涯的規劃。

這個問題考查的面很廣。首先是在考查應徵者的自我認知

能力。這時，應該根據他所表述的理想、價值觀、興趣愛好、能力、性格等特點，正確判斷這名應徵者的優勢和劣勢以及與眾不同之處和發展潛力，並明確此應徵者的想法、期望、品德、行為等方面的特徵。此外，這個問題還考查了應徵者對自己未來職業的設計能力以及此人在職業（實質上是人格）上的穩定性，其中也包括了對職業的忠誠度。這個問題的最終目的是瞭解應徵者在工作上是否有明確的價值取向，而不是那種隨波逐流的員工。

最糟糕的回答莫過於「逃避式」的回答，作為面試主考官，不應該介意應徵者從事了與專業不相干的工作，應該關心的是他在從事與專業毫不相干的工作時的表現和能力。例如：「我不知道自己適合做什麼，只知道自己希望從事這份工作」、「我選擇這個工作，是因為我原來做過」、「我做什麼都行，什麼都感興趣」之類的回答是不合適的，給人以不著邊際或沒有獨立主張的印象，事實上他可能真的是這樣的人。

這樣的回答可以算過關：「我從事的每項工作都使我對自己的職業有新的洞察力，一個人職位越高，越瞭解更基層、更低微工作的重要性，它們在使公司贏利方面都發揮了作用。無論從那個角度出發，當你擁有其他人為完成任務而如何付出努力的第一手資料時，你在制訂工作計劃方面當然要容易得多。」這種回答表明了應徵者很清楚自己在工作中需要什麼樣的經驗，而且他能夠把一些不符合專業的工作經驗轉化為未來職業中的有用經驗，這正是面試主考官想聽到的回答。

〈主考官問題〉

· 與他人一起工作或獨立完成，你更喜歡那一種？

· 你認為團結協作有什麼可取之處？

· 什麼時候需要團隊？什麼時候需要個人工作能力的表現？

· 請解釋什麼是合作精神？

〈考查項目〉

1. 考查應徵者是否善於和別人合作。

2. 判斷應徵者是否能在一個新的團隊中穩定工作。

3. 考查應徵者獨立工作的能力如何。

這個問題不僅僅用來判斷應徵者是否具有合作精神。作為一名合格的員工，他應該不僅能和別人合作，還應該在需要的時候具備獨立工作的能力。因此，面試主考官應該從他的回答中得到這兩方面的信息，同時也可根據他應聘的崗位來確定他是否需要獨立工作。

客觀地對個人工作和團隊工作的優劣進行分析。尤其在企業，大多數部門都將他們的成功歸因於和諧的合作關係，所以很多應徵者應千方百計將自己描述成集體中的一員，比如：「在我工作中力求幫助其他人，使他們更有效地開展工作。除了正常工作之外，我們都有責任使工作的地方成為一個友善的愉快的場所，那意味著每個人都為了共同的利益而工作，並為了這種共同利益而作出必要的個人犧牲。」但是，情況並不總是這樣，很多情況下還是需要員工獨自去承擔一些工作任務，太過

於依賴別人無疑會成為一種缺陷。

因此，正確的回答應該像這樣：「在必要的時候，我很樂意獨自工作，我不需要別人不時督促。然而我寧願和別人一起工作，三個臭皮匠還頂個諸葛亮呢。另外，我理解的合作精神是指一個人為了保證部門達到工作目標，在必要的時候可以犧牲其個人願望和信仰，它也指一個人希望成為群體中一分子，通過其努力工作及具有的向心力使部門的群體力量比各個成員之和更強大。」

 〈主考官問題〉

・你如何接受指導？

・你是否甘於被領導？

・描述一個在以往工作中受到批評的情景。

 〈考查項目〉

1.測試應徵者在工作中是否虛心。

2.考查應徵者是否可以成為團隊中的一員，是否能夠在基層踏實地工作。

3.通過應徵者對待此問題的態度判斷他（她）會虛心接受別人的領導，還是一個不易相處，團隊意識差的員工。

4.考查應徵者受到批評或是遇到困難需要幫助的時候，是否還能夠穩定工作。

這個問題主要是從兩方面來理解，對應徵者來說是一個需要考慮多方面才能順利回答的問題。面試主考官想聽到的是應徵者對以往工作中的失誤進行描述，而不是他在那裏對自己的

工作業績和好人緣誇誇其談。因為工作業績和好人緣並不能代表他具備和別人合作的能力，另外對於他以前的工作業績和人緣我們也無從考查。當然，如果應徵者在回答此問題時雖然對自己曾經的錯誤作出了描述，但是最終的結果卻是他因此錯誤給原來的企業造成了重大損失，或是因此而被辭退。這同樣應引起我們的警示──他在工作能力上很可能存在不足。

對很多應徵者來說，開始一份新工作的好處之一是可以把過去工作中的不愉快統統忘掉。這經常使面試主考官們看不清應徵者的真面目。因此，必須在面試時正確地判斷出，當他在這裏工作受到批評時會作何反應，這才是這個問題的真正含義。簡而言之，應徵者一定要以如何對待批評來結束自己的回答。

〈主考官問題〉

- 你如何看待團隊管理？
- 誰是團隊中最大的敵人？
- 如何提高團隊的工作效率？
- 作為團隊成員你具備什麼樣的品質？
- 在團隊中，你是否被別人壓制過，你是如何處理這種事情的？

〈考查項目〉

1.這是一道專業性試題，但它可適用於管理人員和普通員工的招聘。應聘管理職位的人應該從概念層面上回答，非管理人員應該從實際工作的角度回答。

2.瞭解應徵者能否快速融入一個團隊。

3.瞭解應徵者對待團隊衝突的處理方式是否正確，因為這對新員工來說很重要。

對應徵者來說，一旦應聘成功後，首先要面對的就是加入一個新團隊後的種種問題。這些問題有時候對團隊來說影響很大，因此面試時一定要把此項作為一項重點來考查。對應徵者來說，要真正理解團隊對企業的重要意義，首先必須知道有關管理學通用的團隊的概念。團隊是一種為了實現某一目標而由相互協作的個體組成的正式團體。因此，所有的工作團隊都是群體，但只有正式群體才能成為工作團隊。其次要區別自我管理型團隊和多功能型團隊的概念。自我管理型團隊通常承擔傳統管理意義上的上一級所承擔的一些責任。多功能型團隊由來自同一等級、不同工作領域的員工組成，他們來到一起的目的是為了完成一項任務。應徵者必須能夠明確地區分這兩種團隊的差異，並有調節自己以適應團隊的能力，才能夠順利地融入團隊。

比較得體的回答如下：

「我認為一個高效的團隊應該具備下列要素，宏觀地說需要一個支援性的環境。支持性的環境產生團隊合作。營造這樣一種環境包括宣導員工為集體著想，留下足夠多的時間供大家交流，以及對員工取得成績的能力表示信任。管理者需要發展一種有利於創造這些條件的組織文化，同時要才能與角色分明。」

〈主考官問題〉

· 你如何處理和同事間的矛盾？

· 你曾經有過和同事不愉快的經歷嗎？你怎樣處理的？

〈考查項目〉

1.對於應聘管理崗位的人來說，這個問題能較清楚地表現他管理項目團隊的水準。

2.對於普通工作人員來說，這個問題能很好地表明他在將來的工作團隊中是否是個麻煩。

與人發生衝突，是人人唯恐避之而不及的。但是衝突無時不在，無處不有。社會就是在各種衝突的發生與解決過程中不斷變遷和發展的。在企業的運作過程中，管理者必然會面對各種各樣的衝突，而管理過程實際上也可以說是一個解決矛盾的過程。在這個意義上，不善於進行衝突管理的管理者是無法有效實現管理目標的。所以面試主考官應該多問此類問題以檢驗應徵者的真實管理能力。

對應聘普通工作崗位的人來說，這個問題能檢驗他是否是一個遇到麻煩就走人的員工。由於普通員工的責任較低，很多人在面對失敗的人際關係時，首要的處理辦法就是跳槽或辭職，這對企業來說無疑是一種麻煩。另外，處理不好同事關係的人，即使個人能力再強，也無法使整個團隊的業績得到提升。

這樣的回答可以接受：「人非聖賢，孰能無過？每一位幹練的工作者，都不免要接受挫敗的挑戰。重要的是不能在同一地點摔倒兩次，所以我歡迎同事們給我提各種意見和建議。雖然

這可能會使我不太舒服，但卻能讓我學到更多的東西。所以和同事起衝突後首要的是分析自我原因，總結自我不足，並努力改正。」

〈主考官問題〉

- 上級交給你一項任務並交代如何辦理，但如果按上級的意見做，肯定會造成重大損失，你該怎麼辦？
- 假如你正在和其他同事談論上級的缺點，上級卻出現了，你該怎麼辦？
- 上級的能力比你低，你會怎樣做？如果比你強很多，你又怎麼做？
- 上級本來交代你將某文件送至甲處，但第二天上級卻冤枉你應當將文件送至乙處，你會怎麼對待這種刁鑽的上級？

〈考查項目〉

1.考查應徵者是否處處以企業利益為重。

2.考查應徵者對於團隊內部衝突的管理能力。

3.試探應徵者本身的氣度大小，對於團隊其他人員是否存在不正確的心態。

這樣的問題，重點並不在於誰對誰錯，而是關注對於這樣與上級產生摩擦造成的尷尬局面，應徵者將作出何種反應。因為在工作中產生不同觀點是司空見慣的，但是如何應對或避免發生衝突，是每一名團隊成員都應具備的素質之一。面試主考官應該非常關注團隊成員間的衝突管理，企業需要團隊中的成

員在遇到責任認定和利益衝突時主動尋求解決方法,而不是「明哲保身」。

　　對於這個問題,有些應徵者可能會不得不為了證明自己而進行單方面地申辯,同時又必須出於忠誠和友好。其實,只要應徵者能夠表現出對企業的忠誠和對大局的著想,就可以算作是過關。因為應徵者應聘的是企業,不是個人,企業崇尚言論自由和創新,只要自己的觀點是正確的,是有利於團隊目標順利實現的,就應當指出來,但是必須注意技巧,這是關鍵所在。

　　但是,如果應徵者在回答時態度強硬,採取據理力爭的方式處理這種衝突,一味地強調自己正確的方面,這就需要重新考慮此人的心態是否過於浮躁。因為面試主考官要考查的是應徵者如何處理問題的技巧,而不是如何證明他是正確的,也不是毫無技巧的處理方法。比如這樣的回答:「因為我是對的,這一點我非常肯定,顯然是他沒有全面地考慮問題,公司老闆也指出過他在工作上有問題。」明顯帶有幸災樂禍的意味,即便事實就是如此,這種心態也不利於團隊的穩定。

 〈主考官問題〉

・你認為你的性格在團隊中是否受歡迎?
・團隊中的其他人對你的性格有過何種評價?
・你的性格有沒有在你的工作中造成過麻煩?
・你認為你的性格有缺陷嗎?

 〈考查項目〉

1.考查應徵者對於自身性格有無一個清晰的認識。

2.考查應徵者對於團隊交往禁忌有無一個清晰的認識。

3.考查應徵者是否是一個自我感覺良好、自大的人。

4.考查應徵者是否是一個在工作中有原則的人。

這個問題目的很明確，就是要應徵者對自己的性格作一個簡明的總結，其重點在於考查他是否能認識到團隊中需要怎樣的性格，怎樣做能夠彌補自己的性格缺陷。

回答這類問題，可以借題發揮，闡明自己為人處世的原則、工作態度和進取精神。注意說話的語氣要誠實、認真，表現出自己性格中積極的成分。例如說：「我認為自己是個熱情的人，處事態度也積極。我會拿出很大的幹勁來對待工作，尤其在遇到困難的時候，更能激發出我的鬥志。」或者說：「我是個性格開朗的人，即使遇到挫折也不畏懼，我會勇敢地面對新的明天。」

〈主考官問題〉

・你喜歡和什麼樣的人一起工作？

・你覺得和什麼樣的人很難一起工作？

・你如何和你討厭的人一起工作？

・談談你在人際關係處理方面的經驗吧。

〈考查項目〉

1.考查應徵者的人際關係如何。

2.判斷應徵者是否會因為人際關係而影響工作。

3.判斷應徵者是否是個容易相處的人，是否會對團隊帶來不良影響。

根據有關調查統計顯示，人際關係不良、社交障礙等方面

的問題，佔到了正常心理諮詢中近 50%的比例。原因可能是多方面的，除了自身人格缺陷等方面的因素外，更多的是由於無法調整好自己的社交心理，造成了人際關係緊張、衝突、矛盾。所以在工作中與同事們的相處不同程度上影響著一個人的職業生涯發展和企業的凝聚力。

值得注意的是，要讓應徵者回答此問題時，最好能提示應徵者舉一些具體的事例，以便於更好地判斷應徵者對於人際關係的理解。比如說，如果應徵者回答：「也許是工作繁忙的緣故，我很少和其他人進行工作以外的交流，但我和我的家人、朋友相處得都很好。」雖然他本意是想強調自己在工作上很敬業，但忽略了人際交往方面的表現，說明他可能是一個不善交際的人。

得體的回答應該像這樣：「在多年的工作中，我總結了一下幾點經驗：不要因顧及他人的顏面而不敢表達自己的意見，說些立場不明的話，讓人不知所措。另外和他人相處，應該收斂一下自己的個性，給自己和他人留些空間，並隨時提醒自己別太自命不凡，苛責他人，並注意自己的言行，多尊重別人的意見，以免因一意孤行而惹人反感。任何情況下都避免發怒，因為不論自己是否有理，發洩憤怒於人於己都沒有好處。接受那些與自己不同個性的人，包容可以使自己的人際關係暢通無阻。」

第五節 工作效能的面試問答範例

〈主考官問題〉

- 在提高工作效率方面你通常會採取什麼措施？
- 你是否同時進行著許多工作？你通常會先完成那一件？
- 你是否因顧慮其他的事情而不能集中注意力來完成當前的工作？
- 如果工作被中斷你會特別震怒嗎？
- 你在每天回家後是否會感到精疲力竭，但是總覺得好像有什麼事情沒有做完？
- 你平時是否有休閒活動，有沒有因為工作無法放鬆的情況發生？

〈考查項目〉

1. 考查應徵者對於效率管理工作的理解和能力。
2. 考查應徵者的工作效率和效能是否平穩。

一般人經常把「效率」和「效能」混在一起，統稱效率。但嚴格地說，二者的概念不太一樣：效率＝任務／時間，而效能＝方向×（任務／時間），效率關注的是「把事情做快」，而效能關注的是「只做對的事情」。所以，要在這個問題中試探應徵者對於這兩個概念的理解。需要指出的是，不能簡單理解為既然效能是「只做對的事情」，那麼它一定比效率更重要。其實二者同

樣重要，只是考查的層面不一樣。比如在團隊中，下級對待上級的命令是應該服從的，而不是關注這個命令和團隊目標的關係，所以應該更加看重效率；而對於領導者來說，需要關注任務執行中的正確性，減少團隊的無用功，所以要更加關注效能。

這個問題沒有絕對正確的答案，很大程度上要看應徵者自我的發揮，所以面試主考官應該再次囊括所有的基本點。在上述各種形式的問題中，倘若應徵者有兩個或兩個以上的肯定回答，那麼基本可以斷定他在效率管理方面存在問題，需要改進。同時，聽取應徵者的回答時要注意篩選與考查項目有關的信息，比如說應徵者選擇那些比較簡單的工作來作為自己效率的證明，很可能迷惑面試主考官的主觀判斷。

在必要情況下，可以由面試主考官指定一些具體的工作，讓應徵者回答自己能夠在多長時間內完成，並對工作方法加以說明。

 〈主考官問題〉

・當你決策了一件事情，你是否會要求別人嚴格按照你的要求去做？
・你對於工作中別人的反對意見怎樣看待？
・那些因素能夠影響你作決策？

 〈考查項目〉

1.瞭解應徵者在工作中作決策的方式。
2.瞭解應徵者的工作方式是否成熟高效。
3.考查應徵者在工作中處理不同意見的態度。

　　成熟的一個重要標誌就是形成一種感知世界的方式。這個問題可以瞭解應徵者作決策時所依據的方式，通過這些方式可以反映應徵者的成熟度。

　　很多應徵者面對這個問題會脫口而出：「我喜歡在事情出現的時候，就將其解決。如果必須的話，我幾乎可以解決所有的事情。實際上我並沒有什麼選擇標準，我只是完成形勢所迫的事情。另外，我覺得自己不能決定別人處理事情的方式，我相信每個人都有自己的個性。」

　　正確的回答應該像這樣：「對我來說，在當今高速發展的社會中，真正的挑戰是維持一種平衡意識。通過這種方式，我能夠確保在作決策時，使自己處於最佳狀態並且最有創造力。我認為，對任何想要以最高水準來完成工作職能的人來說，平衡感是非常重要的。」這種回答的最有利之處在於，它反映了你已經考慮過這個決策，而且還為此制訂了一套行之有效的方法。此外，應徵者還暗示自己能夠適應高度競爭的工作，這對任何關心員工健康的企業來說都是求之不得的。

心得欄

第六節　領導能力的面試問答範例

〈主考官問題〉

· 你希望自己通過怎樣的努力過程，最終取得成功？

· 你嚮往成功嗎？你打算怎樣獲得成功？

· 你理解的成功是怎樣的？你認為你能夠成功嗎？

〈考查項目〉

1.考查應徵者的價值觀是否正確。

2.考查應徵者的自我期望是否過高或過低。

3.考查應徵者的理想和抱負，並考查應徵者的自信心。

對這個問題的回答可以反映應徵者對企業界運行規律的理解，也可以反映出應徵者的期望是否現實，同時也可以表明應徵者的目標和抱負。

像這樣的回答是不能過關的：「我能跟上時代的步伐。我是一個相信勤勞必將得到回報的人。我相信，如果我選擇了一家合適的企業，我可以很快地在企業階梯上攀升，而且能最終成為這家企業的經營管理者。在你們這樣的一流企業裏，這就是成功。」這種回答乍看起來似乎很合理，但是它存在幾個問題。雖然它反映了企業界很多人的想法，但它忽略了這樣一個基本事實——事物的運行方式正在發生著變革。在以上回答中，最後一句話看起來好像是要別人領情。對於敏銳的面試主考官來

說，這種回答聽起來倒有點拍馬屁的嫌疑。

得體的回答應該像這樣:「我認為這是每個人都會遇到的最大挑戰。我認為，企業正在改變這種職業階梯的方式，而且這種改變是巨大的。因此，我認為企業員工也必須適應這種改變，積極主動地規劃自己的職業發展。對我來說，最關鍵的就是找到一家能充分利用自己技能的企業。一旦找到這樣的企業，我就會盡我所能為企業增加自己的價值。如果我能作出重要貢獻，我理所當然地會獲得職業晉升的機會。」這種回答表明，應徵者理解工作場所正在發生的變革。另外，它也說明應徵者理解企業面臨的困境，知道企業非常重視發揮員工的個人生產力，看到了個人業績與職業發展的關係。同時，它也說明應徵者有成功的動力，而且沒有任何不現實的期望。最後，它表明用工合約是僱主和員工之間達成的一種真誠協定。

〈主考官問題〉

- 你是否希望自己成為一名領導者？請談談你對於領導者的看法。
- 你嚮往領導者的工作嗎？
- 你怎樣理解一個團隊中領導者的角色？

〈考查項目〉

1. 考查應徵者是否具備一個領導者的素質。
2. 考查應徵者是否會在未來的工作中配合領導的工作。
3. 考查應徵者是否有更大的潛力可以挖掘。

在企業界，領導潛能是一個最有價值的特徵。如果對這個

問題回答得很恰當，可以表明此應徵者可能還有很多潛力可以挖掘。

有些自命不凡的應徵者可能會這樣回答：「有些人生來就是領導者，我認為我就是其中的一個。我認為，領導能力並不是教育出來的。你要麼天生就有，要麼永遠都不會有。」除了犯下狂妄自大的錯誤外，這種回答還有幾個缺陷，它並沒有說出應徵者的任何實質性特點，而且還意味著應徵者根本不會幫助企業中的其他人，更不會去發展他們的領導潛能。

得體的回答應該像這樣：「我曾經在幾份工作中擔任領導職務，負責監管工作，並且一直都很成功。更重要的是，在過去幾年的工作中，我感到自己的能力得到了發展。我能夠發現別人的領導潛能，而且能夠培育他們的領導能力。對我來說，幫助別人開發他們的潛能，這才是對領導者的真正挑戰。」這種回答表明應徵者有成功的歷史，面試主考官可以借此機會引導應徵者提供自己的成功事例。更重要的是，它表明應徵者瞭解有效領導會產生什麼樣的效果，從而說明他是根據實際經驗回答這個問題的。

 〈主考官問題〉

·如果讓你負責的話，你將怎樣為自己的企業或部門制訂計劃？

·你是否為部門或團隊制定過整體的工作計劃？

·作為一個團隊，你認為怎樣製作工作計劃最高效？

〈考查項目〉

1.考查應徵者對於團隊工作方式的理解程度。

2.考查應徵者在制定團隊工作計劃方面的能力。

3.判斷應徵者是否具備當一個領導者的潛力。

這個問題可以直接反映應徵者在企業計劃方面的能力。對這個問題的回答將反映應徵者是否有能力控制局面和制定戰略計劃。

大多數應徵者都會這樣回答：「我想我會把所有人叫到一起，確定我們需要完成什麼任務，然後制定一些目標和計劃，最後是實現這些目標和計劃。」這種回答表明，除了知道制定目標外，應徵者對戰略計劃知之甚少。面試主考官會懷疑應徵者是否有領導的能力與信心。

正確的回答應該像這樣：「我認為計劃是管理者最重要的一種技能。計劃的關鍵是運用系統過程。首先，需要從所有員工中搜集信息；其次，需要檢查並分析這些信息。一旦瞭解了需要攻克的問題，就可以制定一個包含目的和目標的計劃。接下來，需要實現這個計劃。在工作持續進行過程中，我會評價進展情況並作出必要的調整。」這種回答表明，應徵者熟悉而且適應計劃過程。同時也表明，應徵者以前曾經這樣做過，而且還準備再次這樣做。

 〈主考官問題〉

•當你確信自己是正確的，但是其他人卻不贊同你時，你會怎樣做？

・你怎樣說服別人接受你的觀點？

・當所有人都與你意見不一致時，你會遵循大多數人的意見還是堅持自己的想法？

 〈考查項目〉

1.考查應徵者能否恰當地處理反對意見。

2.瞭解應徵者能否承受工作中來自不同意見帶來的壓力，在壓力之下他的反應如何。

3.考查應徵者處理衝突的能力和自信程度。

這個問題可以反映應徵者是否能夠恰當地處理反對觀點、是否能夠承受額外壓力，還可以顯示應徵者處理衝突的能力和自信程度。

很多應徵者會這樣回答：「首先，我努力找到一種方法讓他們相信我是正確的。如果這樣做不奏效——實際上經常不奏效，我會思量是否有辦法實現他們的目標，這樣，對於我自認為正確的方式，他們就不會再干涉。」這樣的回答除了有自大狂的嫌疑外，應徵者的工作方法可能也存在問題。它意味著，如果應徵者不能從反對者那裏得到支持，他將採取一切必要措施實現自己的方式。這種回答說明，在面對困難或者可能存在衝突的問題時，應徵者就會失去道德標準。

正確的回答應該像這樣：「首先，我會確保有足夠的信息來支持自己。一旦我確信自己的觀點是正確的，我就會密切關注反對者具體的反對理由。我將從他們的角度看待問題，並以此說服他們。由於互相尊重，我相信我們可以最終達成協定。」這種說法實現了幾個目的，它表明應徵者可以從解決問題的角

度，用一種雙贏的態度解決衝突；也表明，如果可以真正解決問題，那麼應徵者能夠敞開胸懷接受改變；它還表明，應徵者會採取一種合作的方式來解決困難問題。

第七節　應對能力的面試問答範例

〈主考官問題〉

・請在一分鐘之內對你從前的情況作一個簡單的介紹。

・請作一下自我介紹。

・先談談你自己吧。

・請用三個詞語對您自己作一個概括。

〈考查項目〉

1.對應徵者作一個簡單的瞭解，建立對應徵者的第一印象。

2.考查應徵者的應對能力、語言表達能力等是否正常。

3.看看應徵者對於自己過去的經歷是否有一個清楚的認識，是否存在驕傲或是自卑的心態。

這是一個開放性的問題，問題本身並不具備標準答案。但是這個問題回答得精彩與否是對應徵者形成第一印象的關鍵，而且這個問題回答得好壞也很好判斷。

首先應該確定的是，這個問題並不是要應徵者漫無目的地講述自己精彩的歷史，因此應該給應徵者規定一個時限。這就限定了應徵者在回答時應該有的放矢，挑選那些與應聘工作有

關的內容來敍述。其次，要挖掘應徵者在回答的內容中隱藏的信息，這些信息是考核應徵者各方面素質的關鍵。無論他的回答最終的方向如何，應該努力去尋找他的回答同他應聘的工作之間的關聯性，或者是一些重要的行為特徵——也許是誠實、自信、易相處或是堅強。要注意那些交際能力強的應徵者，他們在回答此問題時很可能揚長避短，引導自己的話題來回答。這種情況要求面試主考官及時給予應徵者一定程度上的提醒，比如要求敍述一些具體事例來證明，或是對某些模糊部份進行主動性提問。

另外，還要注意應徵者介紹自己時的次序安排，這在一定程度上也能表現應徵者的語言組織能力和敍述內容的真實性。一般來說，應徵者首先敍述的都是自己最得意，最希望別人記住的事情，面試主考官應該在此部份著重注意一下。此外還要注意應徵者的語言是否流暢，眼神是否自然，語氣是否自信，若是應徵者表現得不那麼自然，那麼他敍述的內容很有可能不真實，可在有所懷疑的地方要求應徵者提供具體事實證明。最後，在進行面試的時候面試主考官應該將應徵者所敍述的內容同他的簡歷加以對照，以求真實無誤。

　〈主考官問題〉

· 你為什麼要換工作？

· 能告訴我們你辭去上一份工作的原因嗎？

· 你上一份工作是什麼？做了多久？

〈考查項目〉

1. 考查應徵者的工作態度是否有問題。

2. 瞭解應徵者上一次的工作中是否存在問題。

在非應屆畢業生的面試中，這個問題是必不可少的。對於應徵者而言，這個問題並不好回答，但是作為面試主考官，倘若這個問題應徵者回答不好的話是不能考慮錄用的。

應徵者上一次離職的原因可能有很多，工作表現不好、適應能力不強、改行換業、工作單調、薪酬問題或是人際糾紛等。如果他們把這些在面試時說出來，無疑對他們的應聘會有不利後果。所以面試主考官在這個問題上一定要作出正確的判斷。

在所有的離職原因中，為了尋求更好的發展機會而離職應該是可以理解的。對待這樣的應徵者，可以進一步和他探討一下他對自己專業的瞭解程度。因為為了自己的發展不斷尋求更好工作機會的人，首先要證明以前的工作崗位確實已不適合他的能力，最好的證明方法就是顯示一下自己現在的實力。可以和他聊一聊對本行業、職位、企業的看法，若是他能列舉出本企業的發展情況等相關信息，基本可以說明他是一個有誠意的應徵者，但是同時也應注意，若他對本企業的瞭解僅限於薪酬、福利等方面，要小心他可能是個不踏實的人。

在討論此問題時，若應徵者通過貶低以前的企業和上司來強調自己離職的合理性，這樣的人職業道德存在嚴重的問題。在如今強調團隊合作的時代，讓這樣的人加入企業無異於引狼入室。另外抱怨自己如何不適合以前的工作，也可以說明應徵者對工作存在消極心理。

〈主考官問題〉

- 以你現在的水準，應該會找到比我們更好的企業吧？
- 在應聘我們企業的同時，你是否也在應聘其他企業？
- 對於我們提供的職位，你的經驗是否太過豐富或是能力太強了？
- 你的條件過於優秀的了，我們恐怕無法提供你所期望的發展機會。

〈考查項目〉

1. 考查應徵者對應聘這個職位是否有誠意。
2. 考查應徵者是否還在應聘其他企業的職位。
3. 考查應徵者的反應能力。

這是個典型的誘導性問題。這類問題的特點是面試主考官設定一個特定的背景條件，要求應徵者作出回答，有時任何一種答案都不是最終答案，這類問題在很大程度上還是取決於應徵者隨機應變的能力。

如果應徵者的答案是肯定的，則說明這個人「身在曹營心在漢」，至少缺乏誠心；如果他的答案是否定的，那麼說明該應徵者的能力有問題或是對自己自信心不足，總之這是個令應徵者左右為難的問題，有的應徵者還可能企圖以謊言蒙混過關。當然，回答「不知道」、「不清楚」的應徵者也大有人在，這顯然是不可能過關的。

而聰明的應徵者不會單一地表示肯定或否定。例如有一位應徵者這樣回答:「貴企業是我參加應聘的企業中實力和規模最

強大的，其他的企業我沒有作任何考慮。」這樣的回答基本合格，但稍有阿諛奉承之嫌。或者還有這樣的回答：「或許我能找到比貴企業更好的企業，但別的企業或許在人才培養方面不如貴企業重視，機會也不如貴企業多；或許我找不到更好的企業，我想珍惜已有的機會是最重要的。」這種回答巧妙地把「模糊」的答案又拋給了面試主考官，說明此應徵者的應變能力和分析能力很強。再如類似的回答：「發展的機遇是從企業設計員工職業生涯的角度考慮的，而最主要的個人的價值在企業的發展中得到充分的體現，我尋找的不是個人的發展機會，而是一個能真正實現自我價值的空間，貴企業的企業文化深深地感染了我，成為這個文化氣氛中的一分子，是我的榮幸。」簡練的語言中不失時機地讚譽了應聘的企業，一舉兩得。

〈主考官問題〉

- 你最大的缺點是什麼？
- 過去的公司中對你不好的評價有那些？
- 工作中你感覺自己還需要那一方面的鍛鍊？
- 你認為你偶爾會犯大錯誤或對自己有什麼遺憾？
- 迄今為止你對自己的表現最不滿意的是什麼？

〈考查項目〉

1. 考查應徵者是否誠實。
2. 考查應徵者是否謙虛，對自己的評價是否客觀。
3. 考查應徵者的缺點是否不適合他所應聘的工作崗位。
4. 考查應徵者在困境中會作何反應。

一個成熟的企業不僅要關心員工的能力，還應該對員工的道德水準有所要求。這個問題就是考查應徵者在面對困境時是選擇誠實還是掩飾。因為要說出自己的缺點本身就是困難的，何況是在面試中暴露自己的缺點，這對應徵者來說是一大挑戰。

這樣的問題一般認為以下幾種回答是可以接受的：

第一種，應徵者回答了一個很容易糾正的小毛病。這樣回答的應徵者往往是很聰明的，同時也表明了他對於此問題早有準備。對這種稍顯投機取巧的回答基本可以算他通過，因為他已經表現出了處理危機的能力，同時為了面試作出充分準備也顯示了他的認真。

第二種，應徵者能清楚地認識到自己的缺點，並表示正在努力進行改進，並列舉了一些改進成效。如果他的缺點對他的工作崗位沒什麼影響，這樣的應徵者也是可以接受的。

第三種，應徵者既不掩飾廻避也不直截了當，而是聯繫大眾的共同弱點（如人性的弱點），結合當前的行業發展趨勢（如知識結構不合理、專業知識不足以應對新的挑戰），以及個性中的缺陷（如過分追求完美、開拓精神不夠等），闡述自己正在克服和能夠改正的缺點。比如應徵者回答「我很笨，但我更加忠於職守」等，既體現了謙虛好學的美德，也正面回答了這一問題。

第四種，應徵者表示自己在生活中存在一些缺點，但這些缺點卻是工作中的優點。比如回答「我的性子較急，總不能容忍工作怠慢」等。他的回答表明了他對與缺點和優點有一個客觀正確的認識，可以相信，這樣的人在今後的工作中會儘量做到揚長避短。

〈主考官問題〉

- 你以前的經驗和我們現在所申請的工作，有那些聯繫？
- 你認為自己的工作經驗是否適合你現在應聘的職位？
- 你以前的工作經驗和我們的職位似乎關係不大，你認為呢？
- 你剛畢業，幾乎沒有任何經驗，你認為能立即勝任我們的職位嗎？

〈考查項目〉

1.考查應徵者在某些方面是否具備符合應聘職位的要求。
2.考查應徵者的心理承受能力和反應能力。

這個問題是為了給應徵者設下一個陷阱，因為如果面試主考官認為應徵者的經驗很少或沒有足以影響他在本企業的錄用決定時，面試主考官根本不會約見應徵者來進行面試。

這個問題的目的是考查應徵者是否真正清楚自己要應聘的崗位的工作內容，以及自己是否有自信勝任這個職位。

一般來說，如果應徵者回答「我剛剛畢業，但我在學校裏的各類學生組織中工作過，參與和組織過很多成功的活動」、「雖然我所學的專業比較冷門，但是我會盡力去學習」等，這樣的回答顯得有氣無力。一個對自己沒有信心或者對自己的過去無法明顯肯定的人是缺乏進取和自信的人，企業需要的是那些在逆境中成長起來的人才，這類人才在強大的壓力面前也能夠遊刃有餘地完成工作。較得體的回答應該是這樣：「坦白地說，我的優勢會給公司的發展帶來潛移默化的影響，我的領悟力很

強，並且喜歡在踏實中不斷地尋求更高效的工作方法。在以前的工作中我使用過很多做好這項工作所需要的技術。儘管是不同的企業，但管理企業都需要我這種組織能力和監督能力。」

對於那些剛畢業的學生，他的回答應該類似於這樣：「如你所知，我剛剛結束電腦編程方面的加強培訓。另外，我在企業方面有三年多的實習經驗，其中包括從中學會了財務及基本的管理知識。這些經歷使我認識到企業使用電腦編程的作用。雖然我剛接觸貴企業的工作，但我對電腦語言是熟悉的，我所受的教育是全面的。此外，雖然我是新手，但我會比別人更加努力地工作，以便及時完成任務。」

 〈主考官問題〉

• 如果你在銷售一種產品時，遇上一位客戶一直抱怨你的售後服務很糟糕，這時你會怎麼辦？

• 你認為「客戶就是上帝」這句話正確嗎？

• 你怎樣處理客戶對你的不滿？

• 當一個重要的客戶對你無理取鬧時，你會如何取捨？是妥協還是抗爭？

 〈考查項目〉

1.考查應徵者對「客戶就是上帝」這句話的理解。

2.考查應徵者是否會為了維護客戶而放棄原則。

3.考查應徵者是否會由於原則而得罪客戶。

從這個問題的回答可以看出應徵者會如何應對一些難纏的客戶，而面試主考官應該向應徵者明確一點，就是不要顯得那

麼容易屈服。即使現在的企業中都提倡「客戶就是上帝」，在必要的情況下，應徵者也要懂得維護自己的尊嚴和企業的形象。

因此，這樣的回答並不是最好的:「我記得一句諺語說:『客戶永遠是正確的。』我能夠確保客戶在離開時對我的產品感到非常滿意。」可以肯定的是，應徵者知道客戶對於企業的重要性，但是這在當今社會已經是人盡皆知的事實了，而且，這樣回答顯然沒有明白面試主考官的意圖，他錯誤地認為只要重申一遍這個問題就能表明自己的立場，事實上他的這種回答恰恰表明他小看了面試主考官對「客戶就是上帝」這句話的理解。

得體的回答應該像這樣:「我將向客戶解釋，我們的企業向來以產品品質和優質服務為榮。然後我將向客戶保證，我會盡一切努力來改善這種狀況。接下來我會聽他抱怨，並查找問題的根源，作出必要的改進來滿足客戶。」這個回答要高明得多，而且也表明應徵者重視服務品質。這樣的回答顯示出應徵者沒有被問題所嚇倒，而是採取必要的措施來解決問題。

〈主考官問題〉

・你最大的長處和弱點分別是什麼？這些長處和弱點對你在企業的業績會有什麼樣的影響？

・你認為你的性格會給你的工作帶來怎樣的影響？

・你的缺點是什麼？它有沒有給你之前的工作帶來不好的影響？

〈考查項目〉

1.考查應徵者的應變能力。

2.考查應徵者是否能正確地認識自己的優點和缺點。

3.考查應徵者是否能夠在工作中克服自己的弱點，發揚自己的優點。

4.考查應徵者的價值觀以及對自我價值的認知程度。

這個問題並不在於應徵者是否能認真地看待自己的長處，也不在於他是否能正確認識自己的弱點。而在於他的回答不僅是向面試主考官說明他的優勢和劣勢，更重要的是在總體上表現他的價值觀和對自身價值的看法。

有些應徵者認為這樣回答會顯得比較謙虛：「從長處來說，我實在找不出什麼突出的方面，我認為我的技能是非常廣泛的。至於弱點，我想如果某個項目時間拖得太久，我可能會感到厭倦。」然而這種回答的最大問題在於應徵者實際上是拒絕回答問題的第一部份，對第二部份的回答暗示了應徵者可能缺乏熱情。另外，基於對這一問題前兩個部份的回答，應徵者對後面的問題很難再作出令人滿意的回答。

正確的回答應該像這樣：「從長處來說，我相信我最大的優點是有一個高度理性的頭腦，能夠從混亂中整理出頭緒來。我最大的弱點是，對那些沒有秩序感的人，可能缺乏足夠的耐心。我相信我的組織才能可以幫助企業更快地實現目標，而且有時候，我處理複雜問題的能力也能影響我的同事。」這個回答做到了「一箭三雕」。首先，它確實表明了應徵者的最大長處；其次，它所表達的弱點實際上很容易被理解為長處；最後，它指出了這個應徵者的長處和弱點對企業和其他員工的好處。

第八節 責任感的面試問答範例

〈主考官問題〉

- 你對於我們這裏工作條件滿意嗎？你對於這方面有什麼要求嗎？
- 你喜歡什麼樣的工作環境？
- 你的上一份工作的工作環境是怎樣的？你喜歡那樣的工作環境嗎？

〈考查項目〉

1.考查應徵者在什麼樣的環境下工作效率最高。

2.考查應徵者的工作習慣同本企業的工作環境是否相符。

3.考查應徵者的適應能力怎樣，是否能儘快融入新的工作環境。

這個問題考查的是應徵者在什麼條件下工作最有成效，他的回答將反映出他青睞的工作方式，反映出那些影響他成功的因素，同時也可能反映出他的缺陷。

一些應徵者可能認為這樣回答能體現他們適應能力強：「只要我用心去做，任何事情都會取得成功。只要知道別人的期望，我一般都能夠做到使之滿意。」儘管這是一個看起來比較合理的回答，但它也存在缺陷。我們稱其為一種通用回答，它最多只能給面試主考官留下淺淺的印象。這種回答的真正問題在

於，它假定企業尋找的是那種善於聽從指令的人，而不是勇於開拓的人。在當今時代，大多數企業都在尋找能夠自我激勵的人，因此，在面試中表明你需要別人指導可能是致命的。

一個高效能的應徵者會這樣回答：「我解決問題的方式是一個系統過程，這個過程包括收集與問題有關的信息，清楚地界定問題，制訂策略以及實施這個策略。我發現大多數人忽略前兩個步驟而直接跳到策略的制訂和實施上。只要擁有足夠的信息而且能夠看清問題，我就可以解決任何問題。」這種回答表明，應徵者過去曾經解決過困難問題，曾經思考過解決問題的策略，而且也形成了一套解決困難問題的方法。同時，它顯示了應徵者的自信，表明了這些技能在經過實踐檢驗後是可行的。另外，它也說明應徵者願意在將來使用這些技能。

 〈主考官問題〉

•當你發現自己已經不適合某個崗位的時候，你是繼續做下去還是決定換其他崗位工作？

 〈考查項目〉

1.考查應徵者是否能適應變化。

2.考查應徵者對於自己的工作崗位是否具備責任心。

3.考查應徵者是否具備創新精神。

是從頭再來，還是硬著頭皮往下走，考慮這樣的問題時，一方面面對新的環境、新的企業，迎接新的工作挑戰，也許能夠找到更加適合自己的發展空間；另一方面輕易地放棄自己多年的專業工作，考慮過於輕率反而得不償失。這個問題對於應

徵者來說是一個嚴峻的問題。而面試主考官在應徵者的回答中要得到的信息是：適應變化，變中取勝的一個前提就是首先必須關注和認識到變化，進行一番自我分析。世間最可怕的是時間，它能改變一切，因此變是絕對的，不變是相對的，當然，變化也是一個由量變到質變的過程。首先要轉變思想觀念，人們前進中最大的障礙就是自己，萬事萬物瞬息萬變，思想轉變不過來，等於麻木；其次，敢於變化才能擁有更多的機會，這就是創新意識，創新中可以吸取很多寶貴的經驗，利於日後的長遠發展，而且這種變化的意識要與時俱進；最後要在變化中充實自我。

　　得體的回答應該像這樣：「不可否認，當一個人面對不利於自己的變化時，都有一種僥倖心理，這很正常，但成功者和失敗者的差別就在於成功者在僥倖心理碰壁之後，會轉變為主觀努力，從而引導不如意的現實向對自己有利的方向轉變，而失敗者則始終徘徊在僥倖中。越早走出不如意的沼澤，就越早找到並創造出新的與預期接近的現實，所以我在最早的時間裏就開始充電，做好應對變化的準備。」

 〈主考官問題〉

- 如果一個團體，你認為怎麼樣領導才是成功的？
- 你想過成為一名老闆嗎？談談你對老闆工作的看法。
- 你是否有過創業經歷，能說說你當時的情況嗎？

 〈考查項目〉

1.考查應徵者是否是一名具有野心的員工。

2.考查應徵者對待老闆的態度如何，是友善的還是帶有負面情緒的。

3.考查應徵者是否會在自己所在的工作崗位上踏實地工作。

這種題目在不同類型的企業可以有不同的答案。通常情況下，企業較為青睞只想根據自身條件踏踏實實做好本職工作的人，而一些企業則由於責任、權益與角色的不明確，希望有多元化的員工，更希望引進頗具野心能勝任多元化角色、能承擔多重功能的人，這樣的企業更希望員工都有做老闆的想法。因此，不同的企業對這個問題的答案要求不同，作為面試主考官要特別注意。

一般來說，合格的員工認為有一個什麼樣的上司並不是他能選擇得了的，因此考查應徵者回答時，應該更注意應徵者對待這個問題的態度和原則。比如希望上司能具有專業水準、能以身作則、能平易近人、能指點迷津、能用人不疑、能揚長避短、能有些人情味等。

鑑於這個問題的特殊性，這裏僅提供一種保守的回答以供參考：「能充分利用資源並使之發揮作用達到理想效果，歸結起來主要表現在以下幾個方面：追求成就及成效，高瞻遠矚、思路廣闊、善於表達，具有團隊協作精神，善於指導和控制下屬的工作，平衡發展、堅韌不拔、不偏不倚等。」

 〈主考官問題〉

·你為什麼選擇這個職業？

·你當初選擇這個職業時心裏是怎樣想的？

・你熱愛你的職業嗎？談談你對這個職業的看法。

 〈考查項目〉

1.考查應徵者的應聘動機。

2.考查應徵者是否對自己的職業具有責任感。

3.考查應徵者在今後的工作中是否具有進取心。

面試主考官提出這個問題是為了瞭解應徵者的動機，看看他應聘這份工作是否有什麼原因，是否有職業規劃，是不是僅僅在漫無目的地申請很多工作。

很多應徵者會如此回答：「我一直都想在企業界工作。自孩提時代起，我就夢想自己至少也要成為大企業的副總裁。」這樣的回答除了難以令人相信之外，這種回答還存在一個問題，它表明應徵者可能會對副總裁以下的職位不感興趣。在未來的工作中他很可能不會在一個較低的職位上安心工作。

正確的回答應該像這位應徵者這樣：「在上大學四年級前的那個夏天，我決定集中精力在某一領域謀求發展。儘管我是學商業的，但是我不知道自己最終會從事那一行業的工作。我花了一定的時間考慮自己的目標，想清楚了自己擅長做的事情以及想從工作中得到的東西，最後我得出了一個堅定的結論，那就是這個行業是最適合我的。」這種回答表明，應徵者認真地做過一些計劃，縮小了自己的關注點，而且也認准了前進的方向。這種回答還表明，應徵者理解個人職業規劃的重要性，並且有能力作出認真的個人決策。

第九節　敬業的面試問答範例

 〈主考官問題〉

· 你認為一個企業應該如何運作才算合理？
· 什麼樣的企業最不能令你忍受？

 〈考查項目〉

1. 考查應徵者對於企業內部管理的理解。
2. 考查應徵者是否能夠適應本企業的管理模式。
3. 考查應徵者在工作中是否是那種「做一天和尚撞一天鐘」的員工。

企業運作是一個很大的概念，包括財務、市場、人力資源等多方面的管理，短短十幾分鐘的面試時間是無法闡述清楚的。因此這個問題僅僅是試探應徵者對於企業管理的理解，不論是感性還是理性的。面試主考官需要在這個問題中瞭解到應徵者在企業中的工作方式，具體的方法是看應徵者回答問題的角度是否總是站在企業的立場上，是否能夠以主人翁的精神來為公司著想，此外還要看應徵者的工作風格是否適合本企業的管理模式。

一些應徵者會在這個問題上誇誇其談，以顯示自己的學問。事實上真正能夠全面瞭解企業運作中的每一個細節的人是不存在的，這種回答方式恰恰顯示了他可能是一個浮誇的人。

如果應徵者能站在自己工作崗位的角度上，結合自己的專業知識來分析，就能很輕鬆地回答這個問題。比如說：「我認為一個成功的企業應將創新與變革作為基本的經營理念，推崇變化和靈活，在創新和變化中尋求和把握機會，並在創新過程中使員工體驗到工作的樂趣和意義。如『追求卓越』就是 IBM 的三大理念之一；通用電氣公司以『進步是我們最主要的產品』，為基本理念；惠普公司則強調『以世界第一流的高精度而自豪』；微軟成功的秘訣之一就是『不斷淘汰掉自己的產品』。這些創新理念都把爭創一流、永不落後、追求更高更新的技術和業績作為員工和企業奮鬥的目標，並以此來引導企業的組織變革和戰略規劃。」

 〈主考官問題〉

・你認為你會在我們企業工作 3 年以上嗎？
・未來 3 年內，你給自己定下的目標是怎樣的？
・你認為 3 年後你在工作上會取得怎樣的成就？

 〈考查項目〉

1.考查應徵者對於本企業是否有信心。

2.考查應徵者是否有為本企業長時間效力的打算。

3.判斷應徵者在工作方面的潛力。

這個問題背後隱藏的真實含義是：「你是否對我們的企業有足夠的信心，是否為自己制定了遠期目標？」當然，這個遠期目標是考查應徵者的重點所在。膚淺的應徵者可能會把金錢設定為自己的目標，而積極的應徵者的目標可能會更注重事業發

展方面的考慮。

這樣回答的應徵者還有待提高:「我希望一年掙 100 萬元。我需要的東西有很多,一輛好車、大大的房子,可能的話最好還有一艘遊艇。我認為未來的 5 年內,年薪 100 萬元是一個比較滿意的起點。」

這樣的目標雖然遠大,在一定程度上也屬於成功的一種表現,但應徵者回答的重點並不在他想如何實現這樣的目標,而且這很可能是他一相情願的空想而已。因為一般情況下,只有那些並沒經歷過那種生活的人才會產生那樣的臆想,把想像中的物質生活當作追求恰恰表明了他在精神生活上的空虛。

得體的回答應該像這樣:「我相信我的才幹可以為我贏得體面的生活,這也正是我在你們這樣有名的企業申請工作的理由。我計劃賺取足夠多的錢,以便能過上舒適的生活,而且我也願意竭盡全力,以確保自己在整個職業生涯中都能獲得豐厚的薪水。」這個應徵者很清楚地意識到不應該談及薪酬方面的具體數字。除非是在工資談判中,否則的話,指出具體數字是非常不合適的,這會暴露應徵者內心的膚淺。不論是在面試中還是在他未來的工作中,表現出自信的應徵者也會給週圍的人帶來信心。

 〈主考官問題〉

· 你為什麼要應聘我們公司?

· 你在找工作時最看重的是什麼?為什麼?

· 你為什麼選擇我們公司,你認為我們比其他公司有什麼優勢?

‧這份職位最吸引你的是什麼？

 〈考查項目〉

1.考查應徵者最關注求職中的那一方面。

2.考查應徵者在選擇工作上是否理性。

3.考查應徵者在未來的任職過程中是否能夠對公司盡職盡責。

通過這個問題，我們可以瞭解應徵者的關注重點，通過這個關注點又可以反映出他的理性思考能力。一定要在應徵者的回答中引導他表明自己對未來工作的看法，說明那些方面能給他帶來最大限度的滿足，這是回答這個問題的關鍵。

應徵者回答這個問題的方法也同樣重要，比如有的應徵者這樣回答：「我希望得到一份確實能展示我的才能並且具有良好前景的工作。我認為在你們這樣的企業工作可以使自己與眾不同。」除了表現出應徵者是一個自大狂，迫切需要得到承認外，這種回答並沒有理解面試主考官問這個問題的含義，同時，這樣回答還會表現出應徵者對這份工作的本質缺乏更深層次的理解。

正確回答應該像這樣：「我希望找到的工作能發揮我的長處，比如……（說出具體技能）我認為還有一件事情也很重要，那就是我在企業中的作用要與企業目標聯繫在一起。如果工作中偶爾有些挑戰，讓我超越自己目前的技能水準，那就再好不過了。」儘管回答相當簡潔，但實現了三個目的：突出了應徵者的技能，表明了應徵者明白個人與企業的關係，同時也說明應徵者理解變化與發展的重要性。

〈主考官問題〉

• 你認為以你現在的能力能否取得理想中的成功？
• 你對於自己的未來有自信嗎？
• 對於你的缺點，你有改正他們的計劃嗎？

 〈考查項目〉

1. 考查應徵者對待自己缺點的態度。
2. 考查應徵者是否自負。
3. 考查應徵者是否具有進取心。

同其他涉及弱點的問題一樣，應徵者在對待這個問題時的態度值得面試主考官注意。首先，如果承認自己有重大缺點，而且這些缺點將成為工作的絆腳石，這無疑將會使應徵者失去機會；其次，如果應徵者表示自己確實有一些微小的缺陷需要克服，那麼面試主考官可以就這一點進行更深層次的提問。

這樣的回答顯然不能過關，儘管這種回答聽起來很有力，但應徵者顯得過於狂妄了。除了會使人懷疑他誇誇其談的背後可能隱藏了什麼東西外，面試主考官也會懷疑應徵者是否適合這個職位。如果應徵者能夠做如此廣泛的工作，或許這份工作對於他來說挑戰性還不夠。

正確的回答應該像這樣：「儘管我確信自己還有很多東西要學——在每個新工作中都是這樣。但我認為，你會發現我是一個學得很快的人。我相信自己的能力和天分可以滿足你們的需要。我不認為會有什麼不可克服的困難。」儘管承認需要學習一些新東西，但是應徵者表明自己有能力完成自己的工作。

〈主考官問題〉

・對於大公司和小公司的管理體制等方面你是怎麼看的？
・你對業內的一些公司，包括我們公司有什麼看法？
・你願意進大公司還是小公司工作？

〈考查項目〉

1.判斷應徵者的觀點是否合理。
2.考查應徵者是否具備潛在不穩定因素。
3.考查應徵者的語言組織能力。

　　一些應徵者沒有工作經歷，對於以後該走什麼樣的職業道路，當前該如何選擇備感迷惑。這是一個典型的兩難問題，因此並沒有標準的答案，面試主考官提出這樣的問題主要是考查應徵者的觀點是否合理，或語言組織能力怎樣。

　　對應徵者來說，大公司的管理機制比較完善，可以學到很多東西，但是競爭的程度也高一些。從長遠來看，似乎從技術終究走上管理是很自然的事。因此這個問題的答案根據應徵者自身能力、公司規模、管理體制、企業實力等諸多因素會不斷變化。一般來說，應徵者只要能根據自身的情況，並結合當前的行業形式來闡述自己是進入大公司還是小公司更有優勢，就可以算是貼題的回答。

　　有的應徵者回答此問題時極端地強調大公司的優勢貶低小公司沒有發展前途等，或是直截了當地回答喜歡進入正在應聘的公司。例如：「我在畢業時曾經為同樣的問題迷茫過。當然，我最終選擇的是小公司，而目前看來，這個選擇是極其錯誤的，

這也是我來貴公司應聘的原因。」這種回答很令人失望，這不僅顯示出應徵者對於之前的公司存在不正當的心態，還忽略了表述自己對於大公司和小公司之間的看法，而這恰恰是面試主考官想要在這個問題中考查應徵者的。

得體的回答可以類似這樣:「在人才方面，大公司注重發展潛力，而小公司注重實際技能。小公司更注重效率和回報，一般不會長時間地等待一個人的成長，喜歡招收有經驗、能很快上手的人。而大公司喜歡把你培養成為和他們是一樣風格的人。因此，兩者各有利弊。」

 〈主考官問題〉

· 你擅長對抗性強的運動嗎？你認為這對你的工作會產生怎樣的影響？

· 你參加過競技性的活動嗎？你認為你從中學會了什麼？

· 競爭機制在你的工作中有什麼影響？談談你的看法。

 〈考查項目〉

1.通過應徵者對競爭活動的看法，判斷應徵者適應環境的能力。

2.考查應徵者是否能正確地看待競爭。

3.考查應徵者的自信心和面對挑戰的態度。

通過調查應徵者經歷過的實際競爭場景，可以反映他對競爭環境的適應程度，也可以反映他的自信心。當競爭成為關鍵因素時，正是討論小組活動或企業業務的一個絕好機會。一般來說，如果經常參與集體競技性活動的人，其合作意識和競爭

意識都比較高，而且對於新環境的適應也比不經常參與集體活動的人要快得多。

也有些人對於競爭的結果過於看重，以致適得其反，這會使他成為團隊中潛在的不穩定因素。比如應徵者這樣回答：「從本質上說，我是一個競爭性很強的人。我認為，在所有做過的事情中，我實際上都採取了一種競爭性的態度。畢竟，只有這樣你才能在競爭激烈的企業界生存。」這樣的應徵者閱讀了太多關於鯊魚和漢斯之類的故事，他這樣回答讓人感覺在企業生存不是你死就是我活。儘管企業界是高度競爭的，但是企業中的人憎恨別人把自己看成是兇猛的梭子魚。

正確的回答應該像這樣：「我喜歡小組運動，我一直都盡我所能參加這些活動。我過去經常打籃球，現在有時候也打。同小組一起工作、為實現共同目標而努力、在競爭中爭取勝利……這些事情確實非常令人興奮。」這種回答表明，應徵者能夠正確看待競爭。這意味著他能夠利用競爭力量在競爭中取勝，而不會毀掉同事的工作成果，同時他所參與的活動是團體性的，在一定程度上也能表明他是一個能夠處理好團隊關係的人。

 〈主考官問題〉

· 在你的職業規劃，你的長期、短期目標分別是什麼？
· 如果你應聘成功，你打算如何實現你的職業生涯規劃？
· 你對自己的職業有什麼遠大的抱負？

 〈考查項目〉

1.考查應徵者對於個人生活的計劃和組織能力。

2.考查應徵者對自己的職業生涯是否有一個系統的規劃。

3.考查應徵者是否能夠踏實地在本企業工作。

對大多數應徵者來說這是一個比較困難的問題，因為它其實包含了四個部份，各個部份都需要加以回答。對他們來說，首先要記住這些問題，因為這些問題有時候很容易混淆——這個問題問的是應徵者的個人目標而不是職業目標，這一點尤為重要，因為接下來他很可能還會被問到職業抱負。如果應徵者不能區分這兩者的話，他就不得不重覆自己的回答。之所以把這個問題放在敬業測試部份，是因為它能反映應徵者在個人生活中的計劃和組織能力。

這樣的回答很令人洩氣：「我們正處於一個飛速發展的時代，一不小心就會被淘汰。這使我很擔心，因此我的目標就是確保自己不落伍。這聽起來可能有點悲觀，但我是一個現實主義者，而且我相信面對現實是十分重要的。」應徵者回答這個問題時，總是關注自己的不利狀況是很不明智的，除此之外，這種回答在幾個方面都有缺陷。首先，它試圖把所有問題歸結成一個社會普遍性問題；其次，它太過哲理化，因此沒有反映任何計劃和組織能力；最後，它表明應徵者對自己的未來不太樂觀，而且他主要關心的是克服障礙和生存，而不是繁榮和發展。

得體的回答因該像這樣：「同所有現實目標一樣，我的目標經常改變。不論是長期還是短期，我的個人策略是根據當前目標評價自己所處的位置，然後相應地修改自己的計劃。比如，我每5年就制訂一項個人計劃，這個計劃中包含一個總體目標和一系列短期目標。每6個月我就回顧一下自己的進展，然後

作出必要的修改。很明顯，我當前的計劃就是實現職業轉變，也就是找到更滿意的工作。除此之外，我已經實現了近期制定的個人目標。」這個回答反映了應徵者的組織頭腦，而且擅長計劃。通過回答制訂個人目標的方式，應徵者不僅表達出一種自豪感，也表達出了對管理個人事務的能力非常自信。

第十節　個性品質的面試問答範例

〈主考官問題〉

・你計劃怎樣實現你的職業目標？

・你對自己的職業生涯是怎樣規劃的？你打算怎樣來實現它？

・你會為了一個怎樣的目標而努力工作？

〈考查項目〉

1.考查應徵者的價值觀和人生觀。

2.考查應徵者工作的動力是什麼。

3.考查應徵者的潛力有多大。

面試主考官希望通過對這個問題的回答來確認應徵者是否是一個努力工作的人。因此，回答這個問題的關鍵在於應徵者一定要顯示出自己履行責任的意願和能力。

對很多應徵者來說，雖然他們心裏懂得需要在此回答中表現出自己「努力工作」的一面，但是因為每個人的目標各不相

同,因此仍然有可能暴露出自己消極的一面,比如這樣回答:「我對某一任務的重視程度取決於這一任務的難度,同時也取決於我對完成這項任務的迫切程度。如果我認定某項工作確實很重要,我就會投入全部的精力來完成這項工作。」這裏的第一個錯誤是應徵者自認為精力是有限的,而任何企業都不會對看起來精力有限的人感興趣。其次,應徵者只有對他個人感興趣的工作才會重視和投入,這種說法表明他不願意接受不太感興趣的任務。

要想回答好這個問題,應徵者一定要具備一個正確的人生觀和價值觀,只有這樣他才會給自己訂下一個合理而積極的目標,以此來作為自己工作的動力。得體的回答應該像這樣:「對我來說,努力工作,不是問題。我的做事原則是,如果我制訂了一個目標或者被分配了一項重要任務,我就會盡我所能地努力工作,實現預期的目標。所以對我來說,重要的是怎樣出色地工作,也就是說,怎樣工作才能盡可能簡單和順利地完成任務,這樣我就可以把精力轉移到其他事情上。」這種回答的好處在於,它表明應徵者有無限的能量,而且對工作也非常投入。它還表明,應徵者解決問題是為了能更好地利用他的資源,這才是這個問題的實質所在。

 〈主考官問題〉

· 你認為自己做的最成功的一件事是什麼?
· 在你之前的工作崗位上,你作出過什麼出色的成就?
· 你是否由於工作上的突出表現而受到過表彰?

〈考查項目〉

1.考查應徵者的價值觀以及對成功的定義。

2.考查應徵者的道德標準。

3.考查應徵者以往的工作成績。

這個問題可以瞭解應徵者的價值觀。應徵者選擇談論的事情將揭示出他的道德標準以及他的側重點。

很多應徵者對這個問題沒有引起足夠的重視，他們認為這不過是例行公事的一個問題，他所理解的成功可能是這樣：「從小到大的求學經歷是非常艱難的。你知道，我順利完成了學業，我很自豪自己能一邊學習一邊工作。」

從表面上看，這種回答似乎無懈可擊，很多人可能也用過類似的回答方式，但是，事實上它存在著幾個方面的缺陷。首先，學生求學在今天是相當普遍的，因此這並沒有什麼獨特之處；其次，這種回答集中強調一個進行的過程而不是某一具體活動，並不能突出應徵者的獨特性。因此，可以認為這樣回答的應徵者對於「成功」這個詞的認識是很粗淺的，或者他們並沒有在事業上取得成功的慾望。

這個問題的答案可以是多種多樣的，但是應徵者一定要列舉那些能突出自己獨特性的實例。比如，在一次數學競賽中獲得一等獎，大學時通過競選被選舉為班長，妥善處理了一次家庭危機，寫了一篇綜合性的校報文章，在辯論賽中獲勝，重新製作了一台汽車引擎，重組了一個部門，成功地開發了一條新生產線……在這些例子中，每一個實例都應該是獨特、深刻的，而且它能夠將自己與其他人區分開來。對於他的成就，可能並

沒有得到正式機構的承認。但面試主考官應該能夠看出應徵者想表明自己做得很出色，並很為之自豪。能夠做到這一點的應徵者，就可以視為是一個對成功有自己理解的人。

 〈主考官問題〉

· 你希望你的職業生涯是怎樣一種發展模式？
· 你最希望自己因為什麼理由而晉升？

 〈考查項目〉

瞭解應徵者更多的個性信息，考查應徵者是否具備潛力。

這又是一個陷阱式的問題，面試主考官的主要目的應該集中在挖掘應徵者更多的個性信息，推測應徵者過去與將來的表現以及是否還有潛力可挖。

在面試中，晉升的話題和薪水一樣敏感，大多數應徵者都不會正面回答這樣的問題。對於那些初次應聘的人或是應屆畢業的大學生來說，往往會就事論事，比如回答具體的年份，或者回答一些不切實際的空話。如，「我希望儘量縮短這個時間」等。從管理學的角度看，一個人的價值應該在三四年的工作中才能表現出來，而這樣的回答未免過於自信。又如，「關於晉升，我還沒有考慮那麼多，我認為我會盡一切努力做好自己的本職工作，如果公司認為我有這個能力，我想我不會讓大家失望。」這樣不痛不癢的回答說明了應徵者是個缺乏進取心、缺乏潛力的人。

得體的回答應該像這樣：「晉升取決於一些條件。如果我沒有值得被提升的業績，我不會奢望有這樣的機會。但是我也想

加盟能提供必要機會的企業。為此我希望我的上司能從企業內部提升工作人員而不是隨意地指定，這樣能夠幫助很多像我一樣的員工更好地發展，這樣當機會來臨時，我將具備成為提升對象的必要的能力。」

〈主考官問題〉

- 你怎樣同你的上下級交往？
- 你和你的上下級發生矛盾時，你如何處理？
- 你怎樣避免和你的上下級產生矛盾？

〈考查項目〉

1. 瞭解應徵者對待企業中不同等級的人時的表現。
2. 考查應徵者的溝通方式是否存在問題。
3. 瞭解應徵者在複雜的工作環境中的工作水準是否穩定。

通過這個問題可以瞭解應徵者在企業等級結構中的溝通方式。通過對這一問題的回答，應徵者可以展示自己在複雜領域工作的技能水準。

很多應徵者可能會這樣回答：「我願意並且相信我們可以成為朋友。畢竟，如果你要和某人團結合作，你最好要瞭解這個人。只有這樣，大家才能互相理解，而且你也可以避免很多不必要的衝突。」這個回答的最糟糕之處在於，它表明應徵者非常不成熟。任何對工作中的人際關係稍微有點瞭解的人都知道，衝突在工作中是不可避免的，認為建立親密友誼可以化解矛盾的想法，表明應徵者不能真正理解工作關係與個人關係的界限。

　　值得注意的是，在面試中有時候還有另一個類似的問題：
「你和你同級別的同事怎樣相處？」這兩個問題是不同的，因
為同級別同事和上下級的相處存在微妙的不同。在企業中，同
級別的人之間存在一種既競爭又合作的關係，而上下級之間是
領導與被領導的關係。應徵者要能夠分清這兩個問題的不同。

　　得體的回答應該像這樣：「我認為，能在企業各個層面上清
楚地進行交流，這對企業的生存至關重要。我認為自己已經在
這個方面培養了很強的能力。從上下級關係來說，我認為最重
要的是應該意識到每個人以及每種關係都是不同的。對我來說
最好的方式就是始終不帶任何成見地來對待這種關係的發展。」
這種回答表明，應徵者理解人際關係的複雜性以及多樣性。應
徵者明確地表達了高效溝通技能的重要性，同時也顯示了自己
在這方面的自信。

第十一節　創造力的面試問答範例

〈主考官問題〉

・你做過比較具有創造性的事情嗎？
・你對於自己的創造力有自信嗎？請舉例說明。
・你認為自己的創造能力如何？

〈考查項目〉

1.考查應徵者的創造力。

2.考查應徵者擅長那些方面的能力。

3.尋找能夠刺激應徵者發揮潛力的方面。

很多應徵者會類似這樣回答:「在大學的時候,我在班級演出中扮演了一個非常重要的角色。實際上我在大學時做了很多演出工作。可以說,那是我最有創造力的一個階段。」這裏應徵者犯了一個典型錯誤,即把創造力與傳統的創造活動等同起來,沒有看到兩者之間的差別,不知道創造活動與創造性地解決工作中的問題有什麼關係。

得體的回答應該像這樣:「我最有創造性的一個階段是在大學時,那時我曾經幫助一個朋友競選學生會主席。實際上,我基本上是在主持她的競選活動,具體地說,我為她創造了競選舞台,制訂了競選策略,而且想方設法增加她的支持率。比如,我們所做的一件事情是開辦免費咖啡屋,在這間咖啡屋裏,同學們可以聽到好聽的音樂,並知道我們競選的職位。這是我一生中最有創造力的一段時光,因為我必須不斷尋找新的角度去追求成功。」這種回答的好處在於,它表明應徵者能夠以一種創造性地解決問題的方式去面對一項複雜的任務。通過給出實例,應徵者表明自己有能力創造性地解決問題。

〈主考官問題〉

・你最喜歡的工作是什麼樣子的?

・在什麼樣的條件下你工作最有效?

・找工作你最在乎的是什麼?

・你想找一份長期的還是臨時的工作?

〈考查項目〉

　1.試探應徵者的服從性如何。

　2.考查應徵者是否真心喜歡自己應聘的工作。

　3.分析應徵者的忠誠度和工作穩定性。

　　這個問題類似於「你工作中表現的優點有那些？」的發問，這樣的問題可以激發應徵者歡快和放鬆的情緒，從而更加真實地反映出他們的真實意願。

　　這個問題能夠很好地反映一個人的工作價值觀。通常情況下面試主考官可以根據應徵者的價值觀與工作本質、公司發展現狀、企業文化等是否相適應，作為判斷應徵者合適與否的依據之一。這個問題和「你最大的優點是什麼」等相關問題最大的不同就是，這個問題是誘導式的，它通過誘導應徵者說出自己嚮往的工作方式，使面試主考官獲得一些價值觀方面的信息。值得注意的是，作為一名面試主考官心裏應該清楚，儘管應徵者心中真正的答案是「工資高、責任輕、離家近」，但說出來的卻是「希望找到一份有成長空間的工作」。因此面試主考官應該密切觀察應徵者的回答的每個細節，確認前後是否符合邏輯。

　　　面試主考官可以從此問題中推測出影響應徵者工作效率的因素，還可以知道應徵者的不足在那裏。每個人在不同的人生階段有不同的職業生涯規劃，追求的工作目標也隨之而異，資深的高級主管選擇工作時所考慮的層面較廣，層次較高；資歷尚淺者則著重於經濟層面、個人發展潛力等。比如回答「我認為工作地點最重要，公司一定要在公車直達的地方」的應徵者

就屬於後者，如果他應聘的職位需要較高的閱歷他顯然不能勝任。而回答「我喜歡在創造中積極享受工作，那麼強迫自我不斷地創新就是這種享受的發源地，所以我喜歡需要不斷創意來填補活力的工作環境」的應徵者適合的工作崗位則會寬泛得多。

〈主考官問題〉

・你認為你是否適合這個職位？談談理由。
・你是否適合除此職位以外的其他職位？
・你認為你能適應兩個以上職位的工作嗎？

〈考查項目〉

1.瞭解應徵者是否是那種無論什麼職位都能適應的人，是否具有潛在的跳槽可能性。

2.考查應徵者是否真的熟悉自己應聘的工作崗位，是否對工作流程有瞭解。

3.考查應徵者是否是那種具備多種能力的綜合型人才。

如果確定了應徵者真的是那種適合除此職位以外其他職位的人，那麼面試主考官應該在此人的簡歷上批註「具有潛在不安定因素」。因為對於企業而言，人力資源總監最應該關注的就是員工的流動性。據統計，流動群體中以單身年輕人為主，其中那些能適應兩個以上職位的「人才」居多。所以面試主考官若想選擇那種穩定而又能解決工作中問題的人，還是選擇專業性較強的人更為妥當，因為那樣的人工作起來更努力，更有效率，而那些想去別的企業工作的人也正是因為他們雖然不是某個職位的專才，但是在求職中卻有很大選擇餘地，這樣必然會

影響員工工作的穩定性。

這類問題其實還有另一方面的含義，就是為什麼選擇這個職位以及在這個職位上有什麼優勢和發展前途。如果應徵者有選擇這個職位的理由，或是選擇這家企業是他最大的願望，那麼這個回答也算是比較圓滿的回答。當然，不能只憑應徵者的一面之詞，要進一步詢問應徵者對於本企業的瞭解，只有真正對企業瞭解的人才會有進入企業工作的願望，不然他就僅僅是在博取面試主考官的好感。

這樣的回答可以看做是完美的:「我花費了很多時間考慮各種職業的可能性，我認為這方面的工作最適合我，原因是這項工作要求的許多技能都是我擅長的。舉例來說，分析問題和解決問題是我的強項，在以前的工作中我能比別人更早發現問題和解決問題。據我分析，目前貴企業就是能讓我施展解決問題能力的地方，貴企業運行良好，發展迅速，宣導『創新是第一生產力』。去年的銷售額上漲了 30%，而且貴企業準備引進幾項大型新產品。如果我在這裏工作，證實我自身的價值，我感到我有機會與企業共同發展。」

〈主考官問題〉

· 你希望在今後的個人職業生涯中達到什麼職位？
· 你想要你上司的那份工作嗎？
· 你認為職業上的成功應該是怎樣的？

〈考查項目〉

1.判斷應徵者是否具有事業心。

2.考查應徵者是否會由於「沒有發展機會」而跳槽。

3.考查企業為員工提供的晉升機制是否和應徵者的期望相符。

這個問題是為激發應徵者積極的回答，從而判斷應徵者是否具有良好的事業心，因為作為人力資源工作人員，必須為企業的員工制訂一個長遠的職業發展規劃，因此需要知道應徵者對此的看法。

一個現實而合理的回答通常會表明，應徵者的長期目標應該在三四年後才能達到，讓未來的新員工作出要在這個企業裏服務的決心，便於人力發展的長期規劃，並能將以「沒有發展機會」為理由而跳槽的可能性控制到最小。這些信息首先是來源於應徵者自我職業生涯的構想，如果應徵者的回答是與自己未來的發展或正在應聘的職位沒有任何關聯的話，企業又如何為他們量身定做長期的職業生涯規劃呢？

此外，面試主考官還應該判斷出應徵者究竟屬於那種類型的人，是對抗型、挑戰型、破壞型，還是傲慢偏激型。還應該判定出他在工作中如何進行目標定位以及工作積極性怎樣，進而也許可以對應徵者是否願意接受指導進行評價。

很多應徵者在回答此問題時都會回答「達到管理層」，因為他們自以為可以以此表明雄心壯志。其實這不是一個最佳答案，因為這樣表明了大多數應屆畢業生還無法理解透徹一些問題，管理階層的工作是什麼？一個經理的基本職責是什麼？而一些成熟的應徵者在回答時會更多地強調自己在目前的崗位上將要承擔的責任，並以由此作出的貢獻作為自己將來發展的砝碼。

〈主考官問題〉

‧你認為繼續深造對於晉升來說有什麼幫助？

‧你有繼續深造的打算嗎？這樣做的目的是什麼？

‧你願意花時間一邊工作一邊學習嗎？

 〈考查項目〉

1.考查應徵者的進取心以及他對未來的雄心。

2.由應徵者的回答來判斷他是否會由於工作而放棄學習。

3.考查應徵者對自己未來職業生涯的規劃。

這是一個簡單的問題，它可以用來衡量應徵者的雄心，也可以判斷企業對他的重視程度是否會影響他對自己未來的重視程度。

一些應徵者特別是高學歷的應徵者可能會這樣回答:「我不知道。我已獲得了管理學學士學位，我認為自己已經受到了很好的教育。我覺得實際工作經驗比在學校裏學到的東西更有價值。」儘管應徵者試圖通過這種回答反映其積極的一面，而且這樣回答從某種程度上也可以間接地討好面試主考官(面試主考官就是「實際工作」的一部份)，但是，它沒有反映出應徵者追求上進的意願。因此，根據應徵者所表達的信息，基本可以判定他缺乏事業上的雄心壯志，另一方面，也可能是這名應徵者很自負。

正確的回答應該像這樣:「作為一名大學生，我學到了很多知識。如果有合適的機會，我當然會考慮繼續深造。但是，我會認真考慮這件事情，我覺得很多人回學校學習是很盲目的。

如果我發現自己所做的工作確實有價值，而且也需要獲得更多的教育才能在這一領域做得出色，我當然會毫不猶豫地去學習。」這種回答顯示了應徵者的雄心、熱情以及動力。同時也表明，應徵者具有與眾不同的頭腦，而且對重大職業決策非常認真。

第十二節　抗壓能力的面試問答範例

　〈主考官問題〉

・什麼樣的情形會讓你感到沮喪？

・你覺得自己在那些方面存在不足？

・如果你陷入了消極狀態中，你將如何調整自己？

　〈考查項目〉

1.考查應徵者的弱點是什麼。

2.考查應徵者對於自己的缺點是否有一個清楚的認識。

3.考查應徵者的自我調節能力如何。

　　這個問題是用來試探應徵者有沒有一些致命的弱點。應徵者的回答會告訴面試主考官，什麼樣的緊張和壓力可以使他失去希望、動力或行動能力。

　　大多數應徵者會這樣回答：「我很少處於沮喪之中，因為我非常有彈性。有些事情會讓其他人感到非常沮喪，但對我往往只會有稍微的影響。」應徵者沒有說出任何真正的致命弱點，

也許他明白在面試中要避免說出自己的致命弱點，這一點是可以理解的。但是，應徵者否認存在任何使之沮喪的情況，這就十分讓人感到懷疑，因為完美的人是不存在的。此外，在這種回答中，應徵者還破壞了「不要打擊別人」的法則，從而暴露了自己的弱點。

得體的回答應該像這樣：「我認為會讓我感到沮喪的是一件事情拖得太久，雖然這並不經常發生。我認為，對於尚未解決的問題，並不是所有的成功企業都會有迴旋的餘地。我希望盡可能快地找到好的對策，這樣我們就可以繼續開展企業的業務。」這種回答提供了一種真正的答案，而且它也不是軟弱無力的。這樣回答既合理、又不會讓面試主考官對應徵者的能力感到擔心。它會使面試主考官確信，應徵者重視品質和時間進度。

 〈主考官問題〉

· 你認為客戶永遠是對的嗎？
· 客戶往往會因為一些無關緊要的問題向我們提出無禮的要求，你怎樣處理這種情況？
· 談談你對處理客戶糾紛的經驗？
· 你平時怎樣對待客戶？

 〈考查項目〉

1.考查應徵者客戶管理能力如何。
2.瞭解應徵者在客戶管理方面的工作方式及態度。
3.判斷應徵者的工作態度是否端正。

　　要通過這個問題瞭解應徵者的真實想法，必須理解這個問題的原理才可作出判斷。

　　管理學中的 CS 戰略，主要突出客戶滿意服務，即競爭中一切將以服務為導向，服務是決定一個企業成敗的關鍵因素。以客戶為中心的管理者強調樹立企業品牌，就應該從服務著手，而真正意義上的服務是一個將產品品牌與企業文化融為一體的概念。服務品牌意味著企業在客戶眼中的價值。客戶可以對企業產品品牌進行評估，確定出該品牌的價值。但他們也可以就該企業做生意的過程進行價值評價，這種對於企業的信賴感便構成了「企業品牌」。

　　要樹立企業品牌，企業領導人必須消除某些錯誤觀念，代之以煥然一新的思路。比如「客戶永遠是對的」、「客戶就是上帝」之類的說法，事實上，並非所有客戶在任何時候都是對的。但是，在客戶服務中，即判斷客戶的期望值時，沒有事情大小之分，在服務工作人員眼裏也許是一個瑣碎的問題，但在客戶眼裏就是感受，所以對於客戶的任何一個期望值，不論大小，都是重要的。

　　因此，如果應徵者完全遵照「客戶永遠都是對的」這個原則來回答，並不能算是最好的答案。正確的回答應該像這樣：「事物都不是絕對的，對於純粹的服務行業來說：客戶永遠是對的。但是如果在服務過程中客戶的期望偏離了某種界定，而這種界定可能是相關的規章制度甚至是法律等，我們就有義務管理客戶的期望值，並把它引導到正確的方向，我認為這也是一種為客戶著想的體現。」

〈主考官問題〉

· 如果讓你回到學生時代，你會作出和現在不同的選擇嗎？

· 你的學生時代有過什麼令你後悔的事情嗎？如果讓你選擇，你是否願意重新來過？

〈考查項目〉

1.考查應徵者對於自身優勢和不足之處的認識。

2.考查應徵者是否具備上進心和學習慾望。

3.考查應徵者是否願意面對挑戰。

這個問題對於考查應屆畢業生做事的成熟度很有效。應徵者剛走出校門，對於學生時代多少都會有眷戀的情緒。因此，一些應徵者會這樣回答：「我不會去刻意改變任何事情。在大學的那幾年是非常美妙的歲月。有時候我希望自己可以重新開始。我確實從學校裏學到了很多東西。」這種回答表明，應徵者還處於向成年人過渡的過程之中，喜歡那種簡單、不必承擔多少責任的學生時代。這樣的應徵者會讓面試主考官感到不放心。

正確的回答應該像這樣：「如果我能重新上大學的話，我不會對這個過程感到那麼恐懼。我會更多地向教授質疑，我會利用自己對教育體制的瞭解，使它對我的發展更有利，我一定會從這段經歷中獲得更多的收穫。」這種回答表明，應徵者已經揭去了大學生活的神秘面紗，能夠用一種批判的眼光去分析求學經歷和教育體制。它還表明，應徵者對自己有很高的要求，

而且非常重視高品質的學習。

〈主考官問題〉

· 在工作上，你比較看重什麼樣的回報？
· 迄今為止，你在工作中取得的回報中最令你欣慰的是什麼？
· 金錢是否是你在工作回報中最看重的？

〈考查項目〉

1.考查應徵者的職業價值觀如何。

2.考查應徵者在工作中是否能夠獲得滿足感。

3.考查應徵者對於自己所應聘的這份工作是否滿意，是否能夠在未來的工作中發揮百分之百的主觀能動性。

在這裏，應徵者的回答將再次反映出他的成熟度以及他在工作中所採取的立場。這裏需要記住的另外一個原則是，談論金錢的應徵者是不可靠的，除非是在薪金談判中，否則太看重薪酬的應徵者必定會存在不穩定因素。

因此，類似這樣回答的應徵者不能過關：「我希望自己為之工作的企業能夠重視品質，而且會給做得好的員工予以獎勵。由於我期望比同事們做得好，因此我期待能憑自己的成就獲得適當的補償。」這裏再次出現了自大的問題。在這種回答中，應徵者表達了一種不恰當的優越感，同時也向面試主考官發出了一個不恰當的信息——這個應徵者對自己的得失斤斤計較。

得體的回答應該像這樣：「對我來說，最重要的是自己所做的工作是否適合我。我的意思是說，這份工作應該能讓我發揮

專長，這會給我帶來一種滿足感。我還希望所做的工作能夠對我目前的技能水準形成挑戰，從而能促使我不斷提升自己。」這是個一箭雙雕的回答，既表達了出色地完成工作時自己能夠獲得滿足感，也說明了挑戰自我極限和自我發展的重要。能夠這樣回答的應徵者是很聰明的，同時也表明了他在應聘的崗位上會很踏實地工作。

 〈主考官問題〉

・有沒有一件事讓你非常尷尬，你當時是怎樣處理的？
・讓你感覺最沒自信做好的事情是什麼？為什麼會讓你產生這樣的消極想法？

 〈考查項目〉

1.考查應徵者在陌生領域或陌生環境中的工作能力。
2.考查應徵者在壓力下的工作水準。
3.考查應徵者的應對能力和解決問題的能力。

這個問題考查的是應徵者在陌生領域工作的能力。通過這個問題，面試主考官可以瞭解到，當所給的任務超過自己目前的能力水準時，應徵者解決問題的意願和能力。

這是一個陷阱問題，應徵者很容易被誤導而這樣回答：「我相信質疑權威是很重要的，但我不可能在學校裏學到一切知識。很多人以為自己知道所有問題的答案，可實際上他們並不瞭解真實世界裏發生的一切。你知道，那些都是象牙塔裡的東西。」這種回答的最大問題在於，應徵者把問題的焦點從自己身上轉移了。面試主考官不應該關心他對高等教育的觀點，應

該關心的是當出現問題中給出的情況時，應徵者將怎樣處理。這種回答只可能表現出應徵者在工作中不願意服從。

正確的回答應該像這樣：「在我當學生的這幾年中，我盡自己所能多學習知識，經常選擇一些不熟悉的課程，因此往往會受到教授的質疑。不管什麼時候，當我覺得自己對這個科目知之甚少時，我就嘗試預見一些問題，為回答問題做些準備。當我被難住時，我盡可能作出科學合理的猜測，承認我不知道的東西，並且從不懂的地方開始學習。」這種回答清楚地表明瞭應徵者會積極面對艱難處境。它也顯示了應徵者有雄心和明確的態度，知道怎樣處理離奇和模糊的問題。

〈主考官問題〉

- 你對競爭的態度是怎樣的？
- 你是否認為競爭是使你進步的一個主要因素？
- 對於競爭，你是否有懼怕情緒？

〈考查項目〉

1. 考查應徵者如何應對一些消極的影響。
2. 考查應徵者在工作上的潛力。
3. 考查應徵者在壓力下工作的能力。

根據對這個問題的回答可以剔除那些不適應競爭環境的應徵者。另外，面試主考官也要弄清當競爭形勢發展到什麼程度時，應徵者會感到力不從心。

應徵者很清楚在面試中要展示自己積極的一面，因此大多數人都會這樣回答這個問題：「我喜歡競爭，有時候它能給我一

種推動力量。為了開展工作，我需要這種推動。我從來沒覺得競爭無法承受，它是生活的一部份，也是推動我工作的動力。」但實際上，這種回答的真實性有待考究，因為應對競爭畢竟不是一件令人愉快的事情。

另外，從這種回答看，它好像表明應徵者有點屈尊。大多數人都發現，至少在某些時候競爭會使人感到非常有壓力。此外，這種回答還暗示應徵者需要以競爭作為一種激勵元素，缺乏其他的激勵動機。

得體的回答應該像這樣：「如果害怕競爭，我就不會申請這份工作。我知道競爭是始終存在的，對我來說最重要的是意識到競爭，清楚我們在為什麼而競爭。當我處在競爭環境中時，我首先要確保自己頭腦清醒，理解所處的危險處境。一旦我瞭解了競爭形勢和規則，就會全身心地投入到競爭中去。」同「錯誤回答」一樣，這種回答也對競爭表現出積極的看法，但這種回答卻並沒有掩飾錯誤。它表明，根據以前的經驗，應徵者會用一種清晰、明確的方式來對待競爭。另外，能夠這樣回答的應徵者也表明他們工作的動力不僅僅來自於競爭，還來自於某些形式和規則，競爭只是作為一種壓力而存在。如果競爭不存在或是對他們構不上威脅，他們也同樣會遵循規則而努力工作。

 〈主考官問題〉

· 你平時怎樣處理工作中的壓力？
· 你認為壓力能給你的工作帶來動力嗎？
· 你是否有過在壓力下工作的經驗？請詳細描述一下你當時的狀態。

〈**考查項目**〉

1.考查應徵者在壓力下如何工作。

2.考查應徵者是否能正確對待壓力帶來的負面影響。

3.考查應徵者對待工作的態度是積極的還是消極的。

這個問題是要直接瞭解應徵者對壓力的反應。很多應徵者都會這樣回答:「我在壓力下會茁壯成長,實際上,事情變得越亂我就越高興。畢竟,如今的社會是一個充滿競爭的社會,在這個社會裏,沒有壓力就不會有成功。相比之下,我更怕無聊。如果無事可做,我就會變得很懶散,但應對壓力我就沒問題了。」這種回答會讓人懷疑:「真有這樣的人嗎?」,除了不可信之外,它還表達了一種消極論調,如果沒有壓力,應徵者就不會得到激勵。

得體的回答應該像這樣:「在從事有價值的工作時,任何人都會在工作中時不時地遇到壓力。我能夠應付一定量的壓力,甚至在有些情況下還可以承受極大的壓力。對我來說,應對壓力的關鍵是找到一種方法控制形勢,從而減輕壓力的劇烈程度——通過這種方式,壓力就不會影響我的工作。我知道任何工作都有壓力,如果必要的話,我會在壓力下工作得很好。」這種回答表明,應徵者對工作壓力的本質和程度都有比較現實的期望。這種回答很有說服力,但又沒有對壓力表現出過度熱情。應徵者的表述還說明,他在過去曾經應對過壓力,而且還制訂過策略有效地處理了工作中的壓力。

第十三節　面試中怎樣談薪酬

一、在初試階段可以這樣談薪酬

1. 放在最後談

因為薪酬問題比較敏感，為了不影響招聘的進程，面試中應先對其他要點進行考核，最後留幾分鐘時間讓應徵者提問，薪酬問題放在這個時候談比較妥當。

2. 先發制人

先詢問對方的薪資要求是多少？但需重視對方以下的行為表現。

⑴低姿態。有些應徵者因工作難找而怕真實的薪資要求被拒絕，所以薪資要求很低。這種人是有隱患的，尤其是應屆大學生會為將來的離職埋下伏筆，因而思忖一下應徵者的動機、行情或他原單位的薪資水準，太偏離反而有問題。

⑵踢皮球。有些應徵者會說「按貴公司的薪資規定辦，我沒意見」，其實現在的社會對薪資要求到「隨便」的狀態是不太可能，說「隨便」其實最不隨便，這較具隱蔽性而已。因而在薪資上雙方一定要討個說法，先說個價再討價還價為好。

⑶開天價。一些應徵者開出的價遠遠超過「內定」的價，一種可能是他原單位的薪資，一種可能是他的理想值，還有一種可能是他漫天要價。在這種情況下，首先要問清楚他原單位

原崗位具體做得怎樣，如工作量、崗位職責等，考慮與我公司的要求差不多還是差很多。

若差不多，則明確跟他講，業務範圍差不多，但目前還達不到這樣的薪資，並從兩個企業的規模、發展前景比較，尤其針對他離職的原因及他的價值趨向（如穩定、路近等）方面論述，供應徵者綜合比較；若相差很多，則從該崗位在企業的地位、職責範圍等方面論述，從而明確告知定位問題不統一，在薪資方面也很難協調。

對於可以繼續談的應徵者，介紹公司的薪酬、福利、保險結構，告知具體的薪酬情況要等復試的時候由用人部門經理和他談。

最後，在復試階段總經理或授權人應明確告知符合要求的應徵者到崗後的薪酬範圍（說明稅前、稅後或轉正前、轉正後）。

二、在覆試階段可以這樣談薪酬

總經理或授權人應明確告知符合要求的應徵者到崗後的薪酬範圍（說明稅前、稅後或轉正前、轉正後）。

企業要求薪酬保密，因此一旦在面試中涉及薪酬問題，很多人會不知所措。其實，只要掌握以下兩點，一般會進行得比較順利。

 〈主考官問題〉

談談您對薪酬的期望吧。

・你希望獲得多少薪金？

・你最低的薪金要求是多少？

・你希望一個月拿多少薪水？

 〈考查項目〉

　1.瞭解應徵者對於薪金的要求。

　2.瞭解應徵者薪金期望與本企業提供的薪金之間的差異。

　3.考查應徵者是否自信。

　薪酬問題是面試中一個十分敏感的問題，也是面試雙方必然會談及的一個問題。過去人們對這個問題羞於啟齒，現在隨著人才普遍化，人們能夠越來越坦然和直截了當地談論此問題了。但討論薪酬畢竟與商品買賣過程中的討價還價有所不同。對面試主考官來說，如何把握分寸和技巧非常重要，這對於人才最終的去留影響非常大。

　對這類問題要抓住兩方面的信息進行探索，一方面瞭解應徵者的薪金期望與本企業能提供的薪金之間的差異，另一方面透過應徵者的語氣揣摩他的自信心。對這兩方面的信息，一定要設法讓應徵者充分地回答。譬如，「作為一名剛畢業、對未來充滿信心的大學生，我當然希望薪水越多越好。但根據企業的經營業績和本人在工作崗位上的貢獻，我相信企業會給我適當的薪水。」分析這一答法，我們不難發現，應徵者對自己、對企業均充滿信心，而且在個人報酬問題上把企業利益（經營業績）和個人貢獻置於首位，這正迎合了企業老闆的用人心理。雖未明確點明薪水的具體數目，但給老闆和自己均留下了足夠的迴旋空間。

　值得注意的是，對於企業想挽留的人才，即使他對於企業

給予的薪金予以拒絕，面試時仍需最大限度地留出餘地。如應徵者這樣拒絕：「謝謝你給我提供工作機會。這個職位我很想得到，但是，薪水比我想像的要低，這是我無法接受這份工作的原因之一。也許你會重新考慮，或者以後能有使我對你們更有價值的工作時再考慮。」這樣的回答表明了應徵者還是願意來企業工作的，如果他真的是人才，那麼適當地提高薪金也是有必要的。

心得欄

第 十 章

面試後的策略

　　如果用蒼蠅作誘餌來釣鱒魚，方法看起來似乎很簡單：在有魚的地方下餌，順流而下，祈禱至少有一條饑餓難耐的鱒魚來咬鉤。當你感覺魚咬了餌，等一會兒，千萬別動，猛拉線，這樣你就會釣到大鱒魚，是嗎？

　　錯，這僅僅完成了釣魚工作的一半，接下來的步驟也同樣重要：把竿繃直，線收緊，讓鱒魚向下游，再拉動魚線，看到魚在沉浮掙扎，最後鬆開魚鉤，讓鱒魚再游回水中。也就是說，在你認為遊戲已結束的時候，你才發現只做了一半而已。

　　對於僱用傑出人才而言亦是如此。在應徵者離去後，下半場戰鬥才剛剛開始。你如果在完成面試後就不再對其行為加以觀察，就像即使鉤到了鱒魚，卻忽視了把它釣到手的機會。如果在選擇過程中關注面試後這一重要階段的話，你將會得到應徵者行為方式及其背景方面的更多信息，比你預想的要多得多。

第一節 把可能出現的問題都擺到桌面上

如果你對應徵者仍舊有興趣，那就在最後一輪面試裏談論一下可能出現的問題。問題毫無疑問肯定會出現的，關鍵是什麼樣的問題會出現。如果你發現不了，你還是對應徵者的一些背景情況不瞭解。

幾年前，我對一位高管人員進行評估，她是當地一家公司的最終候選人之一。在 1～10 級的評判體系中，我認為她屬於 10 級。可當我們在一起的時候，我發現了兩個潛在的問題。其一是她的丈夫失業了。如果她拿著高管人員的薪水而他沒有工作，他心裏會怎麼想？其二，作為這位執行官的顧問的運營總監還會在他的職位上呆多久？

可以理解，這位新執行官並不僅為了興趣而開始在公司的這份新工作的。可她的顧問在她接手這一職務兩月後就離開了公司。

就上述兩事，我建議她和她的丈夫及運營總監談談。她的反應既可預見又不可預知。可預知的是，她直接和她未來的老闆講到：「我留下的可能為 80%。」採取 80/20 法則，這位應徵者認定如果她接受這份工作，總裁會為她保留。不可預見的是，她很直率地談到她丈夫的自尊心問題，她大體上是這麼說的：「在我們初次會面的時候我並未談起我和我的丈夫在過去幾年中一直想要孩子。我已經 42 歲了，我們做了各種檢查，我甚至

吃了促產藥，可並無效果。儘管我們那麼渴望有個孩子，我們還是放棄了有個大家庭的打算，可在過去的幾個月裏我們重新審視了我們的婚姻和生活。是我去工作，還是他去工作？我們是否要收養孩子？在經歷了極為困難的 5 年後，我們下一步該怎麼辦？在您上週面試完我之後，我們探討了這些問題。我丈夫知道我想幹這份工作，也覺得在不考慮他的工作狀態的情況下值得一試。我們會收養孩子，可能是 6 個月到 1 年以後的事了。同時我的丈夫也會繼續找工作，看看未來會發生什麼事情。」

老實說我被這一番話震撼了。在對一個相對陌生的人的面試中這種坦率、人性和機智處理是多麼少見。儘管她最後被公司錄用了，我仍覺得當初將她評判為 10 是錯誤的，她應該是 12！

要注意發現應徵者的問題。你的目標是解決可能會出現的困難。下面還有一個例子。

一所學院的院長歷時兩年之久才找到了一位完美的系主任。她自我狀態很好（你能期待的極罕有的品質），而且在專業領域聲望甚高。說話溫柔，聰敏，有良好的背景記錄，這位新系主任在我們共處了幾小時之後談到了她的壓力。

她備受嚴重的偏頭痛的折磨。作為有間歇性偏頭痛病史的人，我很同情她，她戴著太陽鏡遮擋陽光並說偏頭痛正在好轉。

事實是我們有許多辦法來減少壓力。我經常問應徵者一個問題：「你怎麼宣洩緊張情緒？」答案從「沉思」到「對著狗大喊大叫」各不相同。

如果我們很公開地談到壓力，正如我和許多我認識的完美主義者談到的一樣，我們同樣也可以談論解決之道。在學院系

主任的案例中，運動就是答案。作為我們簽署合約的一個亮點，我們提供了位於學院內的健身中心的會員資格。她可以自由選擇工作以外的時間去鍛鍊，在早上、下午或黃昏時都行。假設系主任是有壓力的，我們的目標既是要預見這個不可避免的問題，又要採取過去行之有效的解決辦法。在這個系主任的案例裏，提供健身中心的會員資格好像是一個花錢不多的解決辦法，事實上它的確是這樣的。

第二節　要求推薦人給你回電話

最簡單有效的向推薦人核實情況的方法，而且快捷合法。在你推測推薦人吃午餐的時間打電話給他們——預計會有助理接聽或是可以語音留言。如果是電話留言的話就留簡短信息。若是助理接聽，確認他們明白你最後的一句話「約翰·瓊斯是應聘我公司職位的一位應徵者，您的名字被列在推薦人名單中。如果您認為他很出色就請您回電話給我。」

結果是迅速和有效的。如果應徵者很出色，我敢保證在 10 個推薦人中有 8 個會迅速回應並提供幫助。這是應徵者合格的綠色信號，你可以繼續進入核實情況階段了。但如果只有兩三個人做出回應，那這種反應就很說明問題。而且：

- 沒有任何貶損性信息被分享。
- 沒有做出任何誹謗性的評論。
- 沒有打擊自信或是違反法律。

　　我知道一位家族企業的擁有者給一位應聘銷售經理職位的應徵者提供的推薦人名單上的 10 個人打了電話，只有兩個人給她回電話。她竟然認為是她自己的錯，說：「一定是我那兒弄錯了。」

　　請相信這個測驗的結果。叫推薦人回電話能給你帶來很有用的信息。這是花費時間最少和收效最大的策略。

第三節　讓有直覺的人來幫你挑選應徵者

　　用一個有直覺天分的人來幫你挑選應徵者。這個人可以是你的配偶、董事會成員、諮詢師、前台或是你的朋友。

　　我所知道的一個專家是我以前的一個病人。在二戰期間，為了躲避納粹，從她 5 歲到快 10 歲的時候，她一直藏匿於一所二層公寓內，幾節台階後的兩門壁櫥裏。她養成了一種聽鑰匙在鎖孔裏轉動、走廊和台階上的腳步聲、人們低聲私語的能力，她的感覺被磨練得極為敏銳，也就此學到了關於人的很多東西。她所以能倖存下來完全歸功於她的這種能力。走在台階上的人是陌生人還是朋友？是丹麥人還是德國人？是她的繼父嗎？他是醉了還是清醒著？是快樂還是悲傷？筋疲力盡還是精神良好？她能從腳步聲判斷是繼續躲著還是出來。成人之後，她比我認識的其他人都更能判斷一個人的行為。儘管我從未讓她面試過應徵者，或是讓應徵者走幾步台階讓她看看，事實上這些技巧來自於他們許多特殊的和普通的生活背景。

　　以下是幾個我們每天都會遇到的一些例子。例如說汽車推銷員，看到你開的車就能做出正確的推測。皮鞋售貨員看一看你的鞋子就知道你是什麼樣的人。好的服裝售貨員就像星探一樣，在 20 碼內就能抓住你的特徵。好的新聞報導者在採訪前就能撲捉到真正的好素材，還能對被訪人做以正當的評價。

　　一位顧客講了這麼一個故事，一次他花 4 個小時面試最後入圍者，後來他的秘書問他：「你覺得這個人怎麼樣？」

　　他回答說：「還行」。

　　她說：「今天早上在電梯裏見到他了，他髮型糟透了，並不適合這份工作。」

　　她的老闆對我說：「她在電梯裏就已經知道了。」他認識到他那有直覺力的秘書，本可以為他減去這 4 個小時的面試的，因為兩者結果都一樣。

第四節　參考心理測驗所提供的資訊

　　讓有希望的應徵者做一個 15 分鐘的心理測驗，並讓他們在第二天早上將結果發電子郵件或傳真。

　　應該相信心理測驗在招聘過程中的作用，特別是在它的結果能夠反映某些潛在問題的時候。你的面試主考官的技巧要比你用的是那種測驗要重要得多。這個專家確有足夠的記錄嗎？她能在簡短的筆試的基礎上對應徵者的行為做出準確的判斷嗎？如果可以，測試將是非常有用的。要提醒的一點是在某幾

個州的某些法院對心理測驗很關注。如果它們被用於揭露精神問題，就可能會成為在美國殘疾人法的範圍內，提出工作歧視訴訟的依據。所以你在決定是否讓你的應徵者參加某項心理測試的時候，請和你的法律顧問諮詢有關事宜。

由於邁爾碧瑞斯類型發現測驗(Myers-Briggs Type Inventory)的簡單和可靠性，已經用了將近 20 年。請問一位應徵者：「你參加過邁爾碧瑞斯類型發現測驗嗎？如果參加過，你介意再來一遍嗎？如果沒有，那麼就讓我們開始吧！應徵者可能對此感到緊張，可向他們解釋這個測試並向他們保證這項測試的答案沒有對錯之分。

這項測試結果只能說明應徵者的性格屬於那一種。比較關心的是應徵者要多久才能將結果寄回，以及在此後的電話訪談或拜訪中應徵者如何就其結果加以討論。

就假設一位新的應徵者是我的類型，用測試的術語表示就是內向的，憑直覺的，善於思考和判斷的性格。這種性格有幾項並不言過其實的特點，就如會誠心的祈禱「上帝啊，讓我依從他人的意見吧，即使他們是錯的。」一旦這種想法確立的話，就像挖好了陷坑。(但很不幸，這恰恰對我的性格做出了極為貼切的描述。)在我們接下來的談話中應徵者會有很多時間就測驗結果是否與他本人的性格相符發表意見。從我的工作角度而言，更重要的是應徵者微笑嗎？他詳細闡述他的獨立性嗎？他嚴格嗎？他舉出例子了嗎？暢談結果嗎？還是保持沉默？她會考慮可以像大多數人一樣用很嚴肅的語調說：「我過去確實是那樣，可今年我已經改變了很多。」

在任何心理測試中都有兩點值得重視。其一是結論可能是

有洞察力的，中立的或是毫無幫助的，完全取決於解釋者的技巧和專業性。其二，測驗結果如果與應徵者的背景，面試表現，面試後的表現和推薦人信息回饋一致的話，就更有幫助，那就更要注意了。

例如說在邁爾碧瑞斯類型發現測驗中，一位應徵者被總結為「可能會有競爭性，對他人的付出並不感激，能夠接受批評。」

對同一個人的第二次心理測試的結論為「他可能會很直率，好挑錯，喜歡指責別人，沒受到關注就會生悶氣。」

第 3 個評判人，一位筆跡專家，在未看到其他結果的情況下評價這位應徵者「他對批評和評價很敏感，甚至超過了應有的限度。在壓力下，他不會放過任何諷刺或是發表憤怒言論的機會。」

這些評論就足以讓我們把應徵者清除出局嗎？不是的，但這些結果應讓我們保持警醒，當然應徵者有權得到機會對擺在桌面上的問題做出解釋和反應。

這位筆跡專家對這位應徵者的另外一些評價和應徵者在面試後的行為相符。筆跡專家指出「他可能會有搬起石頭砸自己的腳，而後又有文過飾非的傾向。」

這位應徵者在面試中表現得極富吸引力，但此後在選拔過程陷入停滯的時候，他大發不滿之辭，搬起石頭砸了自己的腳。他從機場打電話過來宣洩他的不滿,「不知道你們的面試和測試究竟有什麼價值！」而第二天他又從機場打電話過來，推翻了自己說過的話:「我並不是說您的評論沒有用，而是這個過程長得讓人感到沮喪。」沮喪？如果幾個小小的心理測試就會讓他感覺沮喪的話，我不敢想像在處於峰迴路轉的情況下和面對嚴

屬的老闆的時候他會做何反應。就另一方面而言，不管有沒有心理測試的結果，這位應徵者已經有了南卡羅萊納州工作了 20 年的記錄，這 20 年的工作經歷無疑要比一切面試和心理測試都重要得多。

在面試後進行的心理測試中，我們發現了兩位有名望的和他工作關係密切的同事，他們一起為查普·赫爾工作了 10 年，而應徵者並沒有在推薦人名單中列上他們。他們各自做出的評價完全相同「他是個膚淺的人，不好相處，尤其是和老闆或是有決策權的人。」

儘管獵頭公司很看好他，我還是帶來了大家不願聽到的消息，即使那家獵頭公司都不相信，他在面試中和面試後的表現，心理測試的結果和推薦人給出的信息都使我確信這位應徵者並不適合這個職位。

第五節　將推薦人的名單過一遍

推薦人的重要性通常是按降冪排列的。要有足夠的耐性從頭至尾順一遍。如果必要的話，詢問在應徵者列出的公司或地區有無你熟悉的人可以作為推薦人。推薦人在公司的職銜越高，你就越能得到有用的信息。

下面的例子聽起來有些奇怪，但並不離奇。幾年前我在一家學校的校董會工作的時候，招聘新校長成了我們的首要任務，並就此成立了一個委員會。在 6 個月的面試之後，有一位

應徵者被挑選進入最後的名單，但是並未最後敲定。董事會對他的面試表現、號召力、個人魅力都非常滿意，希望任用他，可是我和另外一位董事覺得他有點過於完美了。作為一個 55 歲、在教育界工作了 25 年、換過 5 家不同學校的人怎麼會沒留下任何特別的記錄呢？

考慮到應徵者曾在西雅圖的學校裏擔任過 10 年的校長，我打電話給我一個叫山姆的朋友，他在西雅圖教育界有很強的背景。我請他證實應徵者的情況。令人驚訝的是，山姆馬上就記起了這個名字，他在這個應徵者任職期間在這個學校的校董事會工作過。山姆說，有一天這傢伙離開了學校，並不像他告訴董事會和他妻子的那樣去了波特蘭，而是去西雅圖郊區和女人約會。碰巧被另一位校董事看到了，而那個女人是學校中的一名老師。山姆說：「困擾我的倒不是這件緋聞，而是校董事會上他對質疑做出的反應。因為事先不知道被人發現了，他當時就撒了謊。於是，這位 40 歲的校長在會議上當場被揭穿。我們解僱了他並給了他一份合約和一封推薦信。之後在紐約有人僱用了他。現在他在三藩市吸引了你們的委員會，可是，我聽說他在紐約也曾欺騙過他的僱主。」

沒再和山姆確認，我就把這件事告訴了委員會，他們因為這個消息而十分不快，基本上否定了這個應徵者。最後委員會投票否決了這個應徵者，但是，從此以後委員會的主席就再沒和我說過話。

僱主能接受關於可能的應徵者的不利消息的能力和面試所花得時間是成反比的。換而言之，一個被看好的人通常會因為壞消息被馬上否定掉。

　　一家矽谷的投資公司買下了一家私企的 51%的股權，希望能在未來的兩年內得到豐厚收益。這家公司僱用了一家獵頭公司來尋找運營投資項目的執行官。獵頭公司花了 6 個月的時間找到了合適的人選，這人很快進入角色，頻繁參加會議和查看店面。

　　應徵者給人留下了很好的印象。投資公司的董事長很欣賞這個人的魅力，開玩笑說願意和他一起走過婚禮大道，他說：「我越面試他就越喜歡他，喜歡他的能力，接人待物的方式，以及他提出的問題。」3 個月的試用期結束後，投資公司打算以優厚的條件來聘用這個人。

　　在最後時刻，公司的老闆徵求我的意見，我想：這又是一個 55 歲沒有污點的人。看過應徵者的簡歷後，我得知他在費城的一家著名的公司工作過 20 年。我不認識那家公司領導層的人，可幸運的是，我有個朋友和那家公司的首席執行官是熟人。我打電話給她，說起這件事，於是這個朋友就打到費城瞭解此事。

　　執行官告訴我朋友那個應徵者很好，但並不像他認為的那麼優秀。執行官認為他是一個「政治動物」，而且在他認為事情超出控制的時候會在背後搗鬼。他的話就是「我會記下來的。」這位先生的話極其直白「我會把這句話還給他。」

　　接下來執行官委婉地把這個故事告訴了投資人，但是已經遲了。這位高級合夥人已準備聘用那個人，根本不理會這些警告。因為選擇的時間已經太長了，而且這個應徵者看起來是最合適的。在壓力下，就是最精明的人也會開始把青蛙看成王子。

　　然後發生了什麼呢？

令人驚奇的是，應徵者不僅回絕了優厚的條件。而且讓獵頭公司宣稱亞特蘭大的一家公司開出了更高的價碼。投資人根本不知道有這種事發生。他們非常惱怒地說：「我們浪費了 3 個月的時間，這個狗娘養的甚至連電話都沒打給我們。」

就像法國人說的：「事情越變就越停留在原地。」這個「狗娘養的」真是名符其實。

這兩個故事使我想起了一個病人所說的：「事實會解放你，把你從親戚朋友，你所認識的每個人那裏解放出來。」

第六節　要求應徵者回電話

常用這個策略，因為它可以節省時間。在應徵者離開我辦公室之前，提個簡單的要求：「請星期一打電話過來。」這是個快速簡單的觀察應徵者並且把挑戰拋給他的機會。

我會說「你可能在回家的路上會有一些想法和疑問，如果下週有時間，就請打電話過來，咱們談上 5 分鐘，就算是聯繫一下吧。」然後我們確定具體時間和日期。然而奇怪的是，15% 的應徵者都沒打過來。很難相信吧？我也這麼覺得。

下面來自奧克拉荷馬州(Oklahoma)的便條是這麼多年我收到的便條中較為典型的一例，它很好地說明了上面的問題。

親愛的×××：

今天同一個不認識的外地承包商聯繫的時候，我請他在下午 1：00～2：00 之間給我回電話，給我一些問題的答覆，他並

未按時回電話，這引起了我們的注意，也證實了我們的懷疑——他可能在守時方面不夠自率，因而無法完成我們對時間要求非常嚴格的項目。

再次為你的努力表示感謝！

第七節　約見應徵者的配偶或其他重要的人

詢問應徵者的婚姻狀況雖然是不合法的，可在實際中，尤其是在選擇執行官的時候，這一做法卻廣為流行。如果條件允許，你見到應徵者的配偶或對他們而言很重要的人後，會瞭解到很多。

因為，應徵者的伴侶扮演了隱藏的卻十分重要的角色，如果沒有他們的支援，很好的招聘也註定會失敗。

伴侶對應徵者有重要影響。應徵者平常是怎樣對待配偶的？配偶又是怎樣對待他的？配偶對應徵者應聘的工作有那些焦慮或擔心？他們自己的工作狀況如何？如果應徵者選擇的新工作改變了他週圍的環境，房子、鄰居、學校、醫生、朋友、家庭、寺廟或教堂都發生了變化，這對他來說意味著什麼呢？坦率地說，我無法想像在面試中不提及這些複雜的問題。然而，大多數僱主通常僅表面化地問問應徵者家人的興趣，而實際上卻更希望打探到應徵者的薪金要求。雖然上述提到的兩點都很重要，但下面的例子會更好地說明家庭和朋友對應徵者的配偶有多麼重要的影響。

前一段時間，我主持過一個名為「我生活中的危機」的小組討論。其中一位給我留下較深印象的發言者是一位在 20 年前帶著小孩舉家遷往北加州的一個承包商的妻子。她在加州一個人都不認識，可她仍照顧著家庭，撫育小孩。她詳細描述了在搬家 6 個月以來的孤獨。她說：「我太想和別人聊聊天了。於是，我就到超市裏，故意推著購物車在人群中走來走去。我這樣做的目的只不過是為了聽聽別人的聲音。」

如果應徵者正擔心生病孩子的健康保險、兒子錯過童子軍集體活動的沮喪或是妻子因搬家而孤獨的問題，那麼我們一定要引起重視並且予以解決和滿足——這是新的僱用關係建立的前提。如果應徵者面臨上述問題，而這些問題在僱用過程中並未解決，那麼我可以肯定地說：這種僱用關係是長不了的。

第八節　設計一份推薦人電話調查清單

檢驗調查有正式的和非正式兩種方法。為了方便電話會談，我建議你設計一個簡單的清單，可以採用下面兩個樣板中的一個，也可以根據實際情況相應地調整這些樣板。

這有一個調查檢驗電話的模式，是由里昂・法利（Leon Farley）提出的，他的調查公司在三藩市。他建議你打電話時詢問：

1. 技術能力

應徵者能完成給予的任務嗎？大學校長能提高收入嗎？秘

書能正確拼寫嗎？接待員能處理好來電嗎？這些方法都很容易，調查應該突出重點。

2.才智

這個題目會讓我們有所思考。「在 1～10 分鐘的時間裏，你怎麼能評價應徵者的才智？大多數人在 1～10 分鐘的時間裏評價應徵者的調查回饋都很好。

3.人際交往能力

問應徵者有關人際關係的技巧。他怎樣和老闆相處？和下屬及同伴的關係又如何？在聊天時通常是表示強烈的贊同，還是默默聆聽、躲避或是忽視。

4.動力

什麼刺激著應徵者？經濟待遇？有意義的工作任務？出色完成工作？沒有壓力？獨立？還是上述全包括？我已經看到應徵者因為家屬的關係而拒絕接受工作(「我的未婚夫剛剛接受了鹽湖城的工作」)，因為錢(「我現在的薪金剛剛超過你提供的薪金」)，因為擔心教育問題(「我女兒需要在特殊學校上學不適合去你的城市」)。你怎麼建立你自己的僱用選擇取決於一個人的動力所在和你對這些動力的理解。

5.其他

最後你應該說：「還有什麼我沒問的問題嗎？」然後仔細地聽。

這裏有第二個電話調查的樣板，是由查理斯·斯科特發明的。

調查問題

· 你喜歡這個人嗎？
· 他們做什麼事情失敗了？
· 他們在公司裏的聲譽怎樣？
· 他們如何交流？
· 他們在行業裏的聲譽怎樣？
· 他們對權威做何反應？
· 他們離開的原因是什麼？
· 他們的精力充沛嗎？他們努力嗎？
· 他們的業績如何？
· 如果可以的話，你將改變這個人的什麼？經歷的例子主要人物
A.B.C.

　　除了樣板，你的認真聆聽也是很重要的。這也有助於你成為 B 型性格的人，這類人不會用「是」和「哦」打斷別人的談話，這裏有一份我最近做的電話報告。我讓推薦人告訴我有關應徵者的優缺點。

　　對話內容：

　　「他在經濟方面的專業知識很優秀。」（暫停）

　　「他非常聰明，也很有能力。」（更長的暫停）

　　「他的弱點是人際關係……」（最長的暫停）

　　「……這些特點都很明顯。」

　　我沒有打斷對方，繼續聽完了所有的內容，推薦人繼續說：「我討厭說他的缺點，因為他真的很有能力。如果你需要一個強大的、專業的管理者，你也許會從他那裏得到滿意的結果。」

　　調查中的大多數真實感受被隱藏在被訪者的言辭、音調變

化、語言間歇和沉默中。

與你所聯繫的推薦人越親近，你就能得到越誠實可靠的信息。無論是什麼時候，只要是合適的時機，就要到重要的推薦人的辦公室拜訪一下，共同討論最終候選者的情況。

這條策略既顯而易見也十分特別。也許你不得不開車穿過城鎮甚至是坐飛機穿越整個國家，但是只要應徵者是你們公司所需的人才，你的時間就值得去花費。另外，如果你的應徵者不是很優秀，恐怕大多數有聲望的推薦人就不會想看到你了。他們將有禮貌地拒絕甚至只給你 15 分鐘面對面交談的機會。

我記得一個委託人給一個推薦人打了 10 個電話也未找到他，而應徵者應聘的是一個重要的職位。我的委託人問他：「為什麼你要離開你現在的工作？」令人意外的是，應徵者回答他的老闆是摩門教徒。作為一個公司的董事長他在選擇高級顧問時，不考慮布雷根青年的畢業生。應徵者聲稱他不合理地被主席拒絕了就因為他的宗教信仰，那就是為什麼他的推薦人一直遲遲不接電話，直到這個人同意和我的委託人見面為止。

我的委託人和推薦人輕鬆的會面達到了目的。「摩門教徒的事情是真的」推薦人說，「說起來真不好意思，因為應徵者是個猶太人所以我不能要他，不過你得到他很幸運。」

我的委託人就像中了頭彩，他得到了所需要的信息，這比其他事實和數據都要深刻。他僱用了應徵者，他的能力令每一個人都很滿意。

第九節　問應聘：「我會聽到什麼？」

總是這樣問應徵者：「當我找到你的推薦人的時候，我可能聽到什麼——肯定的還是否定的？」這個問題既實際又公平。實際上，因為允許應徵者可以事先告之自己的推薦人。這樣很公平，因為這就告訴了應徵者我們將更深入地檢驗他的推薦人，這也給他一個從自己角度講述故事的機會。

一條明智的格言是這樣說的：「如果一個人說他沒有跌倒過，那是在撒謊。」對此我非常同意，其他很多人也是這麼認為的。很多公司不相信那些從來沒有經歷過失敗的人。他們需要冒險者，而不是平庸之輩。一些投機資本家把某些「失敗」看做應徵者的先決條件。他們認為：真正的失敗是人們不能從他或她先前的經歷中獲得教訓。

應徵者總是非常樂意講述他們曾經在工作中取得的光輝成就。因此，我總是喜歡問：「當我找到你的推薦人的時候，我很可能聽到什麼——肯定的還是否定的？」結果是令人迷惑的。

儘管他未來的老闆不瞭解日本，但是她還是問應徵者：「我會從你的推薦人那裏聽到什麼呢？」應徵者回答：「你能從日方那裏聽到對我的微詞，說我是一名告密者。我沒有列出美國合資的夥伴作為我的推薦人，但是你也許可以從美方那裏聽到對我的讚賞。」然後面試人問應徵者他過去的經歷。

這個年輕人在日本發現他的老闆謊報公司的經濟情況、銷

售業績和廣告花費。拋開這些問題,「在日本不存在個性問題,」應徵者說,「忠誠是對你的老闆、團體和公司最重要的修養標準。」因此,作為一名分別位於美國和日本的合資公司之間的溝通者,應徵者的忠誠也被分割了。他應該對那個老闆(那個國家)說實話呢?

以前,這個青年人從沒有碰到過這種道德問題,也從沒有導師和他討論過他老闆的腐敗問題。他和他的同事提過這個問題,但是他們都很膽小怕事。他覺得這些人的建議毫無用處。最後,他還是做出了選擇。

他給合資夥伴美國的總經理打電話,他們先前建立了很好的關係。應徵者憑藉著外交手腕彙報了公司將面臨一些經濟問題和嚴重的損失。儘管總經理看上去是表示贊同他的,但是他清楚地明白自己應該忠實於那個他受僱於多年的日本老闆。總經理建議這個年輕人也應該保持忠誠。這名青年得到的信息是:他的行為是一個錯誤。年輕人非常困惑,並已經做好了離開日本的準備。後來,事情被揭發了,三年的經濟問題最終暴露了出來。他的日本老闆戲劇性地辭職了,審計工作開始揭露他的腐敗行為:不準確的銷售數字、虛假的廣告花費了百萬美元,合作資金大量流失。公司正在考慮提起訴訟,這在日本也是前所未聞的行為。

「我從這個經歷中學到了什麼?」應徵者說,「作為一個外國人,我看到了美國人想在日本投資,同時也信任合作者,就像我的前任老闆會說流利的英語。這是一個可以理解但是代價慘重的錯誤。從自身的角度上看,我認為自己的決定是對的。面對恐懼和道德兩難的考驗,我的做法使我更加尊重自己了。」

　　在應徵者講完自己的故事後，面試主考官打電話給了東京的推薦人。銷售副經理說著一口流利的英語，因為他在澳大利亞長大。他證實了年輕人所講故事的細節。

　　日本的財務副經理是另一位推薦人，他不會說英語，但是他找了當地一名大學畢業生做翻譯。

　　這個推薦人在他的公司工作了 33 年。他也通過翻譯證實了年輕人的故事。「他是個洩密者，」經理又接著說，「而他挽救了我們的公司。」

　　這個年輕人用他面對逆境的勇氣和誠實得到了這份工作。

心得欄

第 十 一 章

填寫招聘結果

第一節　做出面試評價

　　為了更客觀、公正地做出面試評價，招聘人員須將面談階段與決策階段分開，不應在進行面談的同時評價應徵者，或做出招聘決定。在進行招聘面談時，招聘人員必須有計劃地發問，認真聆聽、觀察及記錄，而面試評價及招聘決策要在下一步進行。

1. 面試記錄

(1)面試過程中要及時記錄，且一定要記在記錄本上。

(2)不能寫下主觀及概括性的詞，也不應將應徵者說的話以自己的方式來描述，而是如實記錄應徵者的描述，這樣可對應徵者的表現進行區分，避免不同的應徵者得到差不多的評語記錄。

2. 填寫面試評價表

(1)根據事先確定下來的錄用原則來評分。

(2)不要在本步驟中做出招聘決定。

(3)評分時應參考做的面試記錄，重溫應徵者的回答重點，留意與該工作表現維度有關的問題，然後寫下評分。

(4)極力避免主觀因素的影響，要從記錄中尋找證據支援自己，切勿僅憑印象或個人好惡。若記錄中沒有支援證據，該項維度的得分便應獲低分。招聘人員在評分時，要竭力保持客觀，腦海中應只有應徵者的行為表現，而非其相貌、學歷、身材等背景資料。

3. 檢查評分與記錄

(1)應該取出面談記錄來核對一遍，看看不同的應徵者是否有相同的回答。若真的有類似的答案出現，招聘人員還要進一步檢查評價表，看看他是否給予相同的評分。

(2)相同的行為表現，應該給予相同的評分。換句話說，無論應徵者是誰，只要他曾做出一些與工作要求符合的行為，招聘人員便給予高分，反之則給予低分。

(3)招聘人員還要從評價表中將一些關鍵性評價要素的評分檢查一下，比較高分者與低分者的答案，重新看看他們的行為表現是否與評分匹配。若有需要，招聘人員在此時可調整評分。

4. 做招聘決定

在分數相同的情況下，招聘人員需要查閱《面試評價表》，在關鍵維度得分較高的應徵者，應首先考慮聘用。

第二節　填寫面試記錄表

在面試的時候，面試主考官不但要積極的傾聽，還應該做一些筆記。因為人的記憶能力是有限的，尤其是當你一天中面試很多人的時候，有時很難很準確的把握被面試主考官提供的信息並做出客觀準確的評判，所以必須要做一些記錄。

在記錄的時候不必將被面試主考官所講的每一句話都記錄在案，而是只記錄下來一些要點就可以了。在作記錄的時候要注意不要讓被面試主考官看到記錄的內容，最好準備一個夾子，將其稍微立起與桌面成一定的角度，這樣被面試主考官就看不到記錄的內容了。

每個面試主考官在做記錄的時候可能有自己不同的習慣。有的面試主考官在做記錄時有一個非常好的習慣，這就是在一張紙的中央劃一條豎線，在左半邊記錄被面試主考官的回答或表現，右半邊用來記錄根據這些表現對被面試主考官的評價。有的時候可能在當時沒有時間做出充分的評價，可以等到面試結束之後再根據左邊所做的記錄進行分析。

表 11-2-1　面試評定表

姓名：	性別：		年齡：		編號：
應聘職位：			所屬部門：		

評價要素	1（差）	2（較差）	3（一般）	4（較好）	5（好）
求職動機					
個人修養					
語言表達					
專業知識					
工作經驗					
人際交往					
情緒控制					
自我認知					
綜合分析					
應變能力					

評價：	□建議錄用	□可考慮	□建議不錄用

用人部門意見	簽字：	人事部門意見	簽字：	總裁意見	簽字：

案例：面試指導手冊

職位：客戶經理	應徵者姓名：
面試主考官姓名：	面試時間：

準備事項：
 ·審閱應徵者的材料，包括簡歷和面試申請表，找出需要進一步瞭解的內容；
·回顧招聘職位所需的勝任特徵，以及各項勝任特徵的行為指標；
 ·對問題的提問方式做適當的修訂，使之更能貼近招聘的職位特點和應徵者的經驗；
·計劃好面試的時間。

開始面試：
·與候選人熱情的打招呼，做自我介紹；
·告訴候選人面試所需的時間；
·告知候選人你將會在面試的過程中做一些記錄。

1.詢問背景情況

⑴教育情況

學校：_____	時間：_____	學歷及專業：_____
學校：_____	時間：_____	學歷及專業：_____

為什麼選擇該專業？
在學校中最喜歡的學科是什麼？為什麼？最不喜歡的呢？
認為學校生活中最大的成就是什麼？
從學校中獲得的最大收穫是什麼？

⑵工作背景

工作單位：＿＿＿＿＿＿＿＿＿　時間：＿＿＿＿＿＿＿＿＿＿ 職位與職責：＿＿＿＿＿＿＿＿＿＿ 滿意的與不滿意的：＿＿＿＿＿＿＿＿＿＿ 離職原因：＿＿＿＿＿＿＿＿＿
工作單位：＿＿＿＿＿＿＿＿＿　時間：＿＿＿＿＿＿＿＿＿＿ 職位與職責：＿＿＿＿＿＿＿＿＿＿ 滿意的與不滿意的：＿＿＿＿＿＿＿＿＿＿ 離職原因：＿＿＿＿＿＿＿＿＿

2.關鍵勝任能力考察

⑴客戶服務精神

定義： 認真瞭解客戶的需求，與客戶建立良好的合作關係，努力滿足客戶的要求。	行為指標： ・優先考慮客戶的利益； ・設法瞭解客戶的需求； ・主動採取提高客戶滿意的行為； ・與客戶建立密切的聯繫； ・跟蹤客戶的滿意度； ・積極改進客戶不滿意的因素。

問題：
1.請講述你所遇到的一位難打交道的客戶，你是怎樣使這個客戶滿意的？
2.請講述你與一個客戶維持長期合作關係的例子？

情境/目標	行動	結果

⑵團隊合作者

定義： 在團隊中與他人合作達成團隊目標的行為	行為指標： ·理解團隊的目標，並使自己的行為與團隊目標保持一致； ·為了團隊目標犧牲個人利益； ·分享信息，與他人共同工作； ·積極溝通，化解衝突； ·支持團隊的決定。

問題：

1.講述一個你在團隊中與他人共同解決的事情？你在團隊中的角色是怎樣的？解決問題的過程是怎樣的？

2.請講述一個你的意見與小組中其他人的意見發生衝突或者產生不同意見的例子，你是怎樣處理這樣的情況的？

情境／目標	行動	結果

 心得欄 ----------------------------

第三節　面試效果的評估流程

　　招聘工作結束以後，應該對招聘效果進行評估。通過系統、科學的評估過程，可以發現企業招聘工作中的不足以及所使用招聘手段的優缺點，並探究解決問題的方案，從而提高以後招聘工作的效率。作為一名高效的面試主考官，必須要掌握招聘效果評估的方法及其操作流程。

　　招聘效果評估分為評審會模式和調研法模式兩種。評審會模式是指成立專門的評審小組，小組成員按照既定的規則對各類評估事項進行評價。評審會模式的優點是評估事項比較全面，缺點是需要大量的準備和評估過程管理工作。這一模式通常適用於大型招聘項目的評估。

　　調研法模式是針對用人需求部門而進行的，是對用人部門招聘計劃的實際完成情況進行調查評價，調研人對用人部門相關負責人進行口頭或者書面調查，瞭解用人部門的評價意見。

　　瞭解招聘效果評估的兩種模式後，再介紹招聘效果評估的流程，具體包括三個階段：

1. 評估準備

　　收集各類招聘過程記錄。包括有應徵者個人簡歷，應徵者學歷、職稱、身份證明，多次面試記錄，筆試答題卷，素質測評結果。但也不僅限於這些資料，也可以收集些別的。《招聘評估輸入資料清單》通常按照職位類別製作，作為評估會議輸入

資料。

選擇評估人員。不是人人都具有評估能力，評估人員應具備以下能力和任職要求：是某方面的專家，比如財務部門或用人部門代表；熟悉公司管理現狀及招聘策略；受過有關評估技巧和方法方面的訓練；問題識別能力較強；書面表達能力良好。

設計評估方法及評估表單。當評估人員確定後，需要根據評估需求設計評估方法及評估表單，這一階段要完成以下這些工作：設計評估方法，對獲得的各類信息進行整理；設計評估項目；設計評估項目權重及統計方法；設計評估過程應用表格；設計統計結果標準範本。

成立專門的評審小組。通常大型招聘項目，就要成立專門的評審小組，他們要做到以下職責：負責審核各類招聘過程資料和統計資料；組織招聘小組評審會議；對人力資源部門就招聘項目執行情況進行評審；對招聘項目完成效果進行評價；完成評估報告。

制訂評審規則。評審小組要對評審方法進行明確，招聘效果評估評審規則包括輸入資料要求，評審方法介紹，評審流程，評審會議，評審小組異議處理方法。

2.評估實施

這一階段由評估人員和評審小組根據評審規則，組織對招聘效果的評估工作，內容主要包括：

核對各類招聘證據。核實人力資源部門提交的各類招聘證據，明確招聘職位數量、招聘廣告管道發佈情況、簡歷數量、筆試及面試數量、實際錄取人數等信息。

與用人部門溝通招聘品質和服務。調研法運用在這一部

份，評估人員和評審小組組織與各個業務部門負責人進行溝通，就有關招聘完成的品質、服務態度、招聘速度、招聘流程執行情況等進行實際的調查，調查的時候應當存有書面調查記錄。

對各類招聘成本執行情況進行匯總統計。根據招聘成本評估內容要求，評估人員和評審小組組織對各類招聘成本的實際發生額進行統計，比照預算額計算差額，並分析其中的原因。

召開評審會議。對於大型招聘項目的效果評估，除上述工作需要完成外，還要召開專門評審會議，會議輸入上述各類評估需要準備的數據資料，由評審小組對整體招聘效果進行評價。

3. 起草評估報告

招聘效果評估實施結束後，由評估負責人組織編寫評估報告。評估報告應當符合客觀事實，能夠對存在的問題進行分析，提出持續改進建議。評估報告的內容包括有招聘項目簡介，階段性招聘目標及預算，招聘效果評估方法，各類數據統計分析結果，招聘成本分析，招聘效果分析，存在的問題及改進建議。

評估報告應該報送到相關主管處，當主管決策時以便參考使用。

第四節　招聘效果的評估指標

1.招聘效果評估的指標

招聘效果的評估可以用三種指標體系去評價，即一般評價指標、基於招聘者的評價指標、基於招聘方法的評價指標。

⑴**一般評價指標**

一般評價指標主要是針對補充崗位空缺和新員工工作情況進行評價的指標體系，具體包括：

· 補充空缺的數量或百分比；

· 平均每天新員工的招聘成本；

· 業績優良的新員工的數量或百分比；

· 任職一年以上新員工的數量或百分比；

· 對新工作滿意的新員工的數量或百分比。

⑵**基於招聘者的評價指標**

這類評價指標具體包括：

· 從事面試的數量；

· 被面試者對面試品質的評價；

· 職業前景介紹的數量和品質等級；

· 推薦候選人中被錄用的比例；

· 推薦的候選人被錄用而且業績突出的員工的比例；

· 平均每次面試的成本。

⑶**基於招聘方法的評價指標**

・印發的申請的數量；

・印發的合格申請的數量；

・平均每個申請的成本；

・從方法實施到接到申請的時間；

・平均每個被錄用的員工的招聘成本和招聘員工的品質（業績、出勤等）。

在實際招聘評估過程中，經常進行招聘成本評估和錄用人員評估兩種。

2.**招聘成本的評估**

招聘成本評估是指對招聘過程中發生的各種費用進行調查、核實，並對照預算進行評價的過程。招聘成本評估是鑑定招聘效率的一個重要指標，其成本越低越好。具體包括：

⑴**招聘預算**

招聘工作在進行之前，企業每年的招聘預算應該是全年人力資源管理總預算的一部份，招聘預算中主要包括招聘廣告預算、招聘測試預算、體格檢查預算、招聘差旅費及其他預算。其中招聘廣告預算佔據比例較大，每個企業可以根據自己的實際情況來決定招聘預算。

⑵**招聘成本核算**

招聘工作結束以後，就要開始對招聘成本進行核算。招聘成本核算是對招聘工作中的經費使用情況進行度量、審計、計算、記錄的總稱。通過核算，能夠瞭解招聘中經費的精確使用情況，以及經費的使用是否符合預算以及主要差異出現在那些環節。招聘工作的總成本包括招募成本、選拔成本、錄用成本、

安置成本、新員工培訓成本、離職成本與重置成本等。

3. 錄用人員的評估

錄用人員評估是指根據招聘計劃對錄用人員的數量和品質進行評價的過程。在大型招聘活動中，錄用人員效果評估顯得非常重要。倘若錄用人員不合格，那麼招聘過程中所花的時間、精力和金錢都浪費了，只有全部招聘到合格的人員才能說全面完成招聘任務。

錄用人員效果評估是根據招聘計劃，分別從三個角度來進行評估：應徵者的品質、數量及用於填補空缺職位所用的時間。

⑴應徵者的數量

一個優秀的招聘計劃最終目的是吸引大量可供選擇的應徵者，因此，應徵者數量應作為評價招聘工作的基礎。其中有一點問題需要考慮，就是應徵者的數量是否足以填滿全部工作的空缺。

⑵應徵者的品質

這方面需要考慮的是，應徵者是否符合工作細則的要求以及他們是否具有從事這些工作的能力，與崗位是否相契合。

⑶用於填補職位空缺所用的時間

這是評估招聘工作的一個重要尺度。所需考慮問題是：合格的應徵者是否及時填補了職位空缺，從而使得企業正常進行工作，其生產計劃並未因職位空缺而延遲。

4. 招聘效果評估的意義

招聘效果評估非常重要，是招聘過程的回饋，有利於提高招聘工作效率，具有以下兩點意義：

⑴**有利於企業節省開支**

通過對招聘成本的評估，能夠使面試主考官清楚地知道招聘預算的開支情況，區分出那些是應支出的項目，那些是不應該支出的項目，這有助於減少今後招聘的費用。

⑵**有效檢驗招聘工作**

錄用員工數量的評估是對招聘工作有效性檢驗的一個重要方面。通過數量評估，分析出數量是否滿足需求，有助於找出各個招聘環節上出現的弱點，使得招聘工作得以改善。同時，通過錄用人員數量與招聘計劃數量的對比，為人力資源規劃的修訂提供了依據。

錄用員工品質評估是對員工的工作績效、行為、實際能力、工作潛力的評估，它是對招聘工作成果與方法有效性檢驗的另一方面。品質評估不但有助於招聘方法的改進，而且為員工培訓、績效評估提供了必要的信息。

心得欄

第十二章

發出人員就位（或通知）

第一節　企業要發出錄用通知單

　　通知應徵者是錄用工作的一個重要部份，在通知被錄用者方面，最關鍵的就是要及時。由於現在企業官僚作風盛行，經常會出現在決定錄用後沒有及時通知應徵者而失去很多機會的情況。所以，當面試主考官錄用決策一旦作出，就應該立即通知被錄用者。

　　在錄用通知書中，應該要注意說清楚報到時間和地點，同時還應該附錄抵達報到地點的路線和其他應該說明的信息，最後不要忘記歡迎新員工加入企業。

　　在通知書中，要傳達給被錄用者一個信息：「你們的加入對於企業提高生產率有非常重要的意義。」這樣可以達到吸引他們的目的。對於所有被錄用的人，應該用相同的方法通知他們被錄用，不要這個用電話通知，那個用信函通知。公開一致地對待所有應徵者，可以給人留下好印象。下面是錄用通知書的

兩個範例，以供參考。

例一　錄用通知書

××女士(或先生)：

　　上個星期五與您的會面很愉快，我們現在很高興地通知您，我們企業向您提供×××(職稱)職位。

　　接受該職位的工作意味著您應該完成下列工作職責：(職責內容)，並對(負責的內容)負責。您的月薪是(多少)元。

　　我很希望您能夠接受該職位的工作。我們會為您提供難得的發展機會、良好的工作環境和優厚的報酬。

　　我很希望在×月×日之前獲得您是否接受該職位的消息。如果您有什麼問題，請儘快與我取得聯繫。我的聯繫電話是：(電話號碼)。期望儘快得到您的回覆。

　　此致

　　　　　　　　　　　　　　　　　　人力資源部經理

例二　××公司聘書

××××年××月××日台端應徵本公司職位，經甄選合格，決定以下列條件聘任：

一、　職稱

二、　部門

三、　薪資

四、　試用期

　　隨函附上保證書兩份，請填妥後連同醫院體檢合格表、學歷經歷證件、原公司離職證明書、身份證及一寸照片三張，於

××××年××月××日下午×時前來本公司人事部任用科辦理報到手續。

報到時需注意下列事項：

1. 請直接到人事部任用科報到；

2. 本聘書內薪資不得出示他人；

3. 本聘書一式兩份，若台端接受本公司的職位，請在收到聘書後××月××日前，簽署下表文件，將聘書中的一份簽字寄還本公司，表達台端的意願。

此致

　先生

　小姐

××公司

人力資源部經理：×××

本人願意接受貴公司的聘書。

簽名：

日期：

心得欄

第二節　企業也要發出辭謝通知

從尊重應徵者的努力和維護企業形象出發，對於那些在招聘中落選的人員來說，面試主考官最好發出一封辭謝通知。具體撰寫內容時，除了誠實以外，更要注意辭謝的措辭要得當。辭謝通知要盡可能具體和人性化，充分表達企業對應徵者的感謝，有可能的話還要說明僱用了誰，其擁有什麼樣的資歷，並祝願應徵者將來的努力能交好運。如果加上親筆簽名，就不會顯得那麼公式化。

另外，現在有很多企業都會允諾將應徵者的簡歷保留在檔案庫中一段時間，這樣做的原因可能有利於企業吸收人才，但是需要強調一點，這個允諾必須是能夠兌現的，如果將來根本不可能會被受聘，就要據實以告，大部份應徵者還是比較喜歡確定答案，這樣就可以專心做其他事情。以下是兩份辭謝通知書，同樣以供參考。

例一　辭謝通知書

××先生(或女士):

感謝您對本公司銷售一職感興趣，我們已經認真研究了您的申請表以及您在評估活動中的表現。申請這一空缺職位的人很多，為了保證一致性和公正性，我們就與工作有關的要求對每一位應徵者進行了評估。

您的條件和表現經我們研究後，覺得不太符合這份工作的

要求。因此，我們無法給您這一職位，也無法將您的申請表送去參加進一步的選拔。

再次感謝您對本公司的厚愛，相信您在以後的求職中會有好運氣，相信您會找到與您條件相符合的公司。

人力資源部經理

××××年××月××日

例二　辭謝通知書

×××小姐：

這是對您申請我公司會計職位的答覆。由於收到了上百份申請，所以甄選過程非常艱難，而且耗時很長。最終我們從眾多的申請者中挑選了別人出任我公司新的會計。她擁有會計的學士學位及 4 年的會計經驗，因而我們認為她是目前最佳人選。

我們誠摯感謝您對敝公司會計職位的興趣及為此申請所付出的所有努力。您的條件同樣很優秀，但正如您從申請者數目中所看到的，這次競爭非常激烈，由於名額有限，我們只能選擇其中最頂尖的。

我們忠心地祝福您在新的求職申請中交好運！我們將把您的申請材料保存在我公司的檔案庫中半年。在此期間一旦有符合您條件的職位，我們將及時與您聯繫。

公司人事部

（公章與親筆簽名）

××××年××月××日

當然，無論面試主考官如何看重人才，都仍然會發生接到錄用通知卻不能來企業報到的情況，這是面試主考官最不期望

發生的事情。如果出現這種情況，面試主考官可以主動打電話詢問，並表示積極的爭取態度。如果候選人這時候提出加薪，作為一名高效面試主考官，應該而且必須與他進一步談判。所以，在打電話之前，面試主考官對於本企業能夠妥協到什麼程度應該有所瞭解。這樣談判才能心裏有底，才不會徒勞一場。

心得欄

第十三章

面試甄選管理表格

初試通知單

_____先生（女士）：

一、謝謝您應徵本公司_____職位，您的資歷給我們留下了良好的印象，為了進一步的瞭解起見，請您於_____月_____日（星期_____）_____時親臨本公司參加：□筆試□面試，所需時間約_____小時。

二、希望您準時到達本公司，並攜帶以下有關資料：本單、□身份證、□學歷證、□職稱證、其他_____。

三、如果您時間不方便，請來電與本公司人事部招聘組×××聯繫，電話：××××××轉××。此致敬禮！

××公司人事部

應聘人員甄試比較表

甄試職位		應聘人數	人	初選合格	人	面試日期	月　日至　月　日		
	姓名	學歷	年齡	工作經驗		專業知識	態度儀表	反應能力	其他	口試人員意見
甄選結果				相關	合計					
面試人員簽章										

面談記錄表（一）

面試編號		姓名		年齡	面試主考官分類		面試考官			
					轉職者	應屆畢業生	面試時間	年	月	日
居住地					籍貫					
時間	畢業學校		專業		備註					
時間	就職經歷		職務		備註					

面試記錄	希望什麼工作（　）	
問題	回答	評價（分數）
		5　4　3　2　1
		理由
		5　4　3　2　1
		理由
		5　4　3　2　1
		理由
		5　4　3　2　1
		理由
綜合評價（分數） A．B．C．D．E·	考官評語	分數總計　（20 分 為 滿分）

面談記錄表（二）

姓名			應徵項目		
用表提要	請主持面談人員，就適當之格內劃 √，無法判斷時，請免打 √				

評分項目	評分				
	5	4	3	2	1
儀容禮貌精神態度整潔衣著	極佳	佳	平實	略差	極差
體格、健康	極佳	佳	普通	稍差	極差
領悟、反應	特強	優秀	平平	稍慢	極劣
對其工作各方面及有關事項之瞭解	充分瞭解	很瞭解	尚瞭解	部份瞭解	極少瞭解
所具經歷與本公司的配合程序	極配合	配合	尚配合	未盡配合	未能配合
前來本公司服務的意志	極堅定	堅定	普通	猶疑	極低
外文能力	區分	極佳	好	平平	略通	不懂
	英文					
	日文					

總評	□擬以試用　　　　　　　　　面談人：
	□列入考慮
	□不予　　　　　　　　　　　考慮日期：　　月　　日

甄選報告表

填表： 年 月 日

姓名		性別		籍貫		□已婚 □未婚	填 表 時 即 貼 相 片
出生		年齡		身高	體重	血型	
應徵職務					希望待遇		
戶籍地址 通訊位址					電話		
				身份證號			

最高學歷			畢(肄)業年份		年		地點	
經歷	機關名稱）		職稱		起		訖	薪津

家庭狀況		職業		專長：			
父			服兵役情況： 退役： 年 月				
母			汽車駕照：				
			愛好：				
			語文	類別	漢語	法語	英語	日語
				程度				

批示	單位主管意見	人事單位意見
	試用日期	工作知識： □須訓練 □基本具備 □充分認識 工作經驗： □無經驗 □有經驗(多久？)
	年 月 日	儀容態度： □印象壞 □平實 □印象深刻 領悟反應： □緩慢 □普通 □極好 測驗成績：

面試評價表

姓名		性別		年齡		編號	
應徵職位				所屬部門			
評價要素	評價等級						
	差	較差	一般	較好	好		
1.個人修養							
2.求職動機							
3.語言表達能力							
4.應變能力							
5.社交能力							
6.自我認識能力							
7.性格							
8.健康							
9.掩飾性							
10.相關專業知識							
11.總體評價							
評價							
用人部門意見	簽字：	人事部門意見	簽字：	總經理意見	簽字：		

新員工甄選報告表

甄選職位		應聘人數	人	初試合格	人	面試合格	人
復試合格	人	需要名額	人	合格比率	初試　%，面試　%，錄用　%		

甄選結果比較		說明		預定	實際
	具體條件				
	待遇				
錄用人員名單					

就職經歷調查表

_____公司

　　××先生/女士，希望到我公司任職，因而在百忙中打擾，請您將
該××先生/女士在貴單位的下列情況反映給我們，請您大力協助為盼。

公司（廠）（印章）

年　　月　　日

姓名		年　月　日生		現住址		
項目		內容		項目	內容	
在貴單位任職		從　年　月　日到　年　月　日		主體意識	好一般差	
所任職務				參與意識	好一般差	
工資額				社會活動	好一般差	
辭職理由		企業方面 其他　　個人方面		紀律	好一般差	
就職中所受獎罰				獨創性		
人際關係		好　一般　壞		責任心	好　一般　差	
健康狀況		健康　一般　差		主動性	好　一般　差	
個人表現		好　一般　差		協調性	好　一般　差	
工作態度		好　一般　差		其他		
評價			部長	科長	工廠主任	工段長

面試成績評定表

考號		姓名		性別		年齡	
報考職位				所屬部門			
面試內容	A	分數	B	分數	C	分數	
儀表	端莊整潔	5	一般	3	不整	1	
表達能力							
態度							
進取心							
實際經驗							
穩定性							
反應性							
評定部份							
評語及錄用建議							
主試人				(簽字) 日期： 年 月 日			

註：各項面試內容的評字結果在應得分數上劃「0」即可。

面試加權法評定表

編號		姓名			出生年月		性別	
報考崗位					實行部份			

面試面目	所佔比重	評分標準						
		具體指標	優秀 100%～90%	較好 90%～80%	一般 80%～70%	較差 70%～60%	很差 60%以下	
身體外貌	20	健康程度						
		氣質10						
知識經驗	20	知識水準5						
		實際經驗5						
		職業道德5						
		專業知識5						
能力方面	40	社交能力10						
		口頭表達10						
		應變能力8						
		創新能力6						
		處理難題力6						
性格方面		工作熱情6						
		自信心6						
		開放性4						
		態度4						
小計								
綜合評語	級別標準	95～100	90～95	80～90	70～80	60～70	60以下	
主試評價意見								
評委評價意見	評委甲							
	評委乙							
錄取與否的決定：								

面試等級評價表

編號		姓名		性別		年齡		應聘崗位	
評價要素	工作動機	責任心	語言表達	應變變能通力	情緒穩定	社交能力	知識面	精力	發現問題能力	洞察力
權重	5	5	15	10	5	15	10	10	15	10
優（5）										
良（5）										
中（5）										
差（5）										
很差（1）										
實行分數										
綜合評分	優 420～500		良 260～340		差 180～260		很差 100～80			
評價意見										

應聘人員甄選報告表

甄選職位		應聘人數	人	初試合格	人	面試合格	人
復試合格	人	需要名額	人	合格比率	初試 %，面試 %，錄用 %		

甄選結果比較		說明	預定	實際
		學歷：		
		年齡：		
		相關工作經歷：		
	具備條件			
錄用人員名單				

總經理＿＿＿＿ 審核＿＿＿＿ 填表＿＿＿＿

註：本表由人事部門填寫並呈總經理核閱後歸檔。

體檢表

姓名		男女	體檢時間　年　月　日	
出生年月			居住地	
體質	很好　好　一般　差　較差		X光透視：	
營養	很好　好　一般　差　較差			
身高	cm	胸圍	cm	呼吸器官：直接、間接斷層透視時間
視力	左 右	喬正後	左 右	
	正常色弱色盲			
聽力	左 右		1.無異常	
血沉			2.有發病可能	
以往病史			3.活動型疾病 4.非活動型疾病	
澳抗	陰性　陽性			
BCG				

器官	循環系統	肺活量	CC	
	體溫	血型	A　B　AB　O	
	消化系統	其他	生理狀況	
	神經系統		尿檢	
	耳鼻咽喉運動系統		語言障礙	
	畸形		家庭遺傳	

適宜工作：　　　　　　　　　　便檢：無異常
重體力工作（可以　不可以）　　　　　蛔蟲　　鉤蟲　　條蟲　　其他
輕體力工作（可以　不可以）
長時間站立（可以　不可以）

醫師	地址		電話	
	醫院			

身份證明表

照片　鋼印	身份證 編號：＿＿＿＿＿ 姓名：＿＿＿＿＿ 職務：＿＿＿＿＿ 出生：＿＿＿＿＿ 年月日：＿＿＿＿＿

現住址：＿＿＿＿＿＿

特證明此人為本企業職工

企業名稱：＿＿＿＿＿

所在地：＿＿＿＿＿＿

法人代表：＿＿＿＿＿

年　　月　　日發

正面

序號	1	2	3	4	5
時間					
驗訖					

1.上班時須隨身攜帶此證

2.禁止借出或轉讓他人

3.禁止塗改或私自變動

4.丟失或需變更時直接與發證機關聯繫

5.辭職或調動時須交回

6.本證每年檢查一次，無驗訖者無效

背面

職務選擇調查表

請按順序列出你希望擔任的職務

順序	部門與職務	理由

以往職業與經歷調查表

任職企業或私營企業	所在地	任職或開業時間	辭職或停業時間	月收入	經營項目	辭職或停業理由
備註						

業餘生活調查表

種類	會	欣賞	討厭	種類	會	欣賞	討厭	種類	會	欣賞	討厭	種類	會	欣賞	討厭
聲樂				民歌				寫詩				釣魚			
鋼琴				流行歌曲				繪畫				圍棋			
提琴				戲曲				書法				象棋			
管樂				舞蹈				攝影				國際象棋			
吉它				芭蕾				集郵				寫作			
合唱				交誼舞				旅遊				其他			

出國經歷調查表

國別	目的	時間	期間	人數	組織者
備註					

人生觀和職業觀調查表

項目	說明
你想以怎樣的態度度過人生	
你認為應以怎樣的態度對待工作	
你是怎樣看待你所就職的企業的	
你是怎樣看待人生與職業的關係的	

兼職面試錄用檢查表

職種			
應徵者姓名	男·女　　歲	面試	
性別　年齡		主考官	
用·否	錄用不錄用	意見	

內容	評價					合格否
☐ 1.第一印象	5	4	3	2	1	
☐ 2.開朗	5	4	3	2	1	
☐ 3.外表的清潔感	5	4	3	2	1	
☐ 4.應徵的動機	5	4	3	2	1	
☐ 5.健康	5	4	3	2	1	
☐ 6.信賴感（誠實）	5	4	3	2	1	
☐ 7.彬彬有禮	5	4	3	2	1	
☐ 8.意欲	5	4	3	2	1	
☐ 9.口齒清晰	5	4	3	2	1	
☐ 10.工作時間恰當	5	4	3	2	1	
☐ 11.家庭環境	5	4	3	2	1	
☐ 12.經驗	5	4	3	2	1	

　　這些項目的判斷，面試主考官很容易擅自決定，所以需要多位元人員負責面試。

第 十 四 章

企業面試案例及評分標準

人力資源總監崗位面試試題及評分標準

第一部份　基本測試（5%）

題目 1：　請簡要談談你自己。

【測試目的】

測試應試者談吐、語言表達和思維能力，瞭解應試者情況，緩和考場氣氛。

【評分參考】

好：談吐自然，條理清晰。

中：談吐比較自然，條理比較清晰。

差：談吐不自然，條理不大清晰。

第二部份　工作能力測試（85%）

題目 1： 假如你是某單位的工作人員，主管交給你一項對你來說可能比較棘手的任務，你準備怎樣完成這項工作？

【測試目的】

測試應試者計劃組織協調方面的能力，要求應試者應考慮到明確的工作目標和要求，據此選擇工作方法，安排工作流程，調配人、財、物資源，協調組織各方共同完成任務。

【評分參考】

好：有較週全的計劃安排與切實可行的調研方法；組織協調各方面力量共同完成任務。

中：有計劃安排；有協調的意識，但計劃安排不夠週全。

差：計劃安排漏洞多，缺少協調意識；誇誇其談，不切中要害。

題目 2： 某醫藥總公司正面臨組建集團化公司的問題，您認為組建的集團公司與下屬的子公司之間責、權、利方面應如何協調？

【測試目的】

測試應試者解決複雜問題的能力，主要考察應試者分析問題、解決問題、靈活應變等方面的綜合能力。

【評分參考】

好：分析有理有據，切中要害。能分別從集團公司和子公司的權、責、利進行協調分析。分析內容全面，能提出有見地的意見。

中：分析基本上能抓住問題核心，基本能從集團公司和子

公司的權、責、利相協調的角度進行分析。分析內容基本全面，能提出自己的見解。

差：分析思路零亂，邏輯性差。不能從集團公司和子公司的權、責、利相協調的角度進行分析。分析內容空洞，不能提出自己的見解。

題目 3： 如果在工作中，你的上級非常器重你，經常分配給你做一些屬於別人職權範圍內的工作，對此，同事對你頗有微詞，你將如何處理這類問題？

【測試目的】

測試應試者人際溝通能力，即將應試者置於兩難情境中，考察其人際交往的意識與技巧，主要是處理上下級和同級權屬關係的意識及溝通的能力。

【評分參考】

好：感到為難，並能從有利於工作、有利於團結的角度考慮問題，態度積極、婉轉、穩妥地說服上級改變主意，同時對同事一些不合適甚至過分的做法有一定的包容力，並適當進行溝通。

中：感到為難，但又不好向主管提出來，私下裏與對你有意見的同事進行溝通，希望能消除誤會。

差：不感到為難，堅決執行上級交代的任務，並認為這是自己能力強的必然結果。

題目 4： 你認為人力資源總監這個崗位需要團隊領導能力嗎？請舉出一個你以前在工作中親身經歷過的成功或失敗的例

子並做出解釋。

【測試目的】

測試應試者團隊領導能力。主要考察應試者是否具有相關工作經驗及在團隊領導中怎樣和諧地處理團隊中人員之間的相互關係。

【評分參考】

好：談吐自然，條理清晰，所舉事例能充分說明應試者的團隊領導能力。

中：談吐比較自然，條理比較清晰，所舉事例能比較充分地說明應試者的團隊領導能力。

差：談吐不自然，條理不大清晰，所舉事例不能說明應試者的團隊領導能力。

題目 5： 在以前的工作中，您對您的下屬怎樣激勵？請舉出一個在以前工作中親身經歷過的成功或失敗的例子並做出解釋。

【測試目的】

測試應試者激勵能力。主要考察應試者是否具有相關工作經驗及良好激勵下屬的能力。

【評分參考】

好：談吐自然，條理清晰，所舉事例能充分說明應試者的激勵能力。

中：談吐比較自然，條理比較清晰，所舉事例能比較充分地說明應試者的激勵能力。

差：談吐不自然，條理不大清晰，所舉事例不能說明應試

者的激勵能力。

第三部份　錄用測試（10%）

題目 1： 為什麼想離開目前的工作？什麼時候能來上班？

【測試目的】

瞭解應試者的價值觀。

【評分參考】

好：談吐自然，條理清晰，能清晰、合理地表達其離開目前工作的原因和來公司上班的時間。

中：談吐比較自然，條理比較清晰。基本能清晰、合理地表達出其離開目前工作的原因和來公司上班的時間。

差：談吐不自然，條理不大清晰。不能清晰、合理地表達出其離開目前工作的原因和來公司上班的時間。

評分參考說明表

測試項目　　　　檔次	好	中	差
基本測試（5）	4～5	3～4	1～2
計劃組織協調能力（20）	15～20	8～15	1～8
解決複雜問題能力（20）	15～20	8～14	1～8
工作測試人際溝通能力（15）	10～15	5～10	1～5
團隊領導能力（20）	15～20	8～15	1～8
激勵能力（10）	8～10	5～8	1～5
錄用測試（10）	8～10	5～8	1～5

註：每個標準都不包括下限，如 15～20 不包括 15。

圖書出版目錄

下列圖書是由憲業企管顧問（集團）公司所出版，以專業立場，為企業界提供最專業的各種經營管理類圖書。

1. 傳播書香社會，凡向本出版社購買（或郵局劃撥購買），一律 9 折優惠。
   服務電話(02)27622241　(03)9310960　　傳真(02)27620377
2. 請將書款用 ATM 自動扣款轉帳到我公司下列的銀行帳戶。
   銀行名稱：合作金庫銀行　　帳號：5034-717-347447
   公司名稱：憲業企管顧問有限公司
3. 郵局劃撥號碼：18410591　　郵局劃撥戶名：憲業企管顧問公司
4. 圖書出版資料隨時更新，請見網站　www.bookstore99.com

經營顧問叢書

94	人事經理操作手冊	360 元
97	企業收款管理	360 元
100	幹部決定執行力	360 元
106	提升領導力培訓遊戲	360 元
112	員工招聘技巧	360 元
113	員工績效考核技巧	360 元
114	職位分析與工作設計	360 元
116	新產品開發與銷售	400 元
122	熱愛工作	360 元
124	客戶無法拒絕的成交技巧	360 元
125	部門經營計劃工作	360 元
127	如何建立企業識別系統	360 元
129	邁克爾·波特的戰略智慧	360 元
130	如何制定企業經營戰略	360 元
132	有效解決問題的溝通技巧	360 元
135	成敗關鍵的談判技巧	360 元
137	生產部門、行銷部門績效考核手冊	360 元
138	管理部門績效考核手冊	360 元
139	行銷機能診斷	360 元
140	企業如何節流	360 元
141	責任	360 元
142	企業接棒人	360 元
144	企業的外包操作管理	360 元
145	主管的時間管理	360 元
146	主管階層績效考核手冊	360 元
147	六步打造績效考核體系	360 元
148	六步打造培訓體系	360 元
149	展覽會行銷技巧	360 元
150	企業流程管理技巧	360 元

152	向西點軍校學管理	360 元
154	領導你的成功團隊	360 元
155	頂尖傳銷術	360 元
156	傳銷話術的奧妙	360 元
160	各部門編制預算工作	360 元
163	只為成功找方法，不為失敗找藉口	360 元
167	網路商店管理手冊	360 元
168	生氣不如爭氣	360 元
170	模仿就能成功	350 元
171	行銷部流程規範化管理	360 元
172	生產部流程規範化管理	360 元
173	財務部流程規範化管理	360 元
174	行政部流程規範化管理	360 元
176	每天進步一點點	350 元
177	易經如何運用在經營管理	350 元
178	如何提高市場佔有率	360 元
180	業務員疑難雜症與對策	360 元
181	速度是贏利關鍵	360 元
183	如何識別人才	360 元
184	找方法解決問題	360 元
185	不景氣時期，如何降低成本	360 元
186	營業管理疑難雜症與對策	360 元
187	廠商掌握零售賣場的竅門	360 元
188	推銷之神傳世技巧	360 元
189	企業經營案例解析	360 元
191	豐田汽車管理模式	360 元
192	企業執行力（技巧篇）	360 元
193	領導魅力	360 元
197	部門主管手冊(增訂四版)	360 元

262	解決問題	360 元
263	微利時代制勝法寶	360 元
264	如何拿到 VC（風險投資）的錢	360 元
265	如何撰寫職位說明書	360 元
267	促銷管理實務〈增訂五版〉	360 元
268	顧客情報管理技巧	360 元
269	如何改善企業組織績效〈增訂二版〉	360 元
270	低調才是大智慧	360 元
271	電話推銷培訓教材〈增訂二版〉	360 元
272	主管必備的授權技巧	360 元
274	人力資源部流程規範化管理（增訂三版）	360 元
275	主管如何激勵部屬	360 元
276	輕鬆擁有幽默口才	360 元
277	各部門年度計畫工作（增訂二版）	360 元
278	面試主考官工作實務	360 元

《商店叢書》

4	餐飲業操作手冊	390 元
5	店員販賣技巧	360 元
10	賣場管理	360 元
12	餐飲業標準化手冊	360 元
13	服飾店經營技巧	360 元
18	店員推銷技巧	360 元
19	小本開店術	360 元
20	365 天賣場節慶促銷	360 元
29	店員工作規範	360 元
30	特許連鎖業經營技巧	360 元

32	連鎖店操作手冊（增訂三版）	360 元
33	開店創業手冊〈增訂二版〉	360 元
34	如何開創連鎖體系〈增訂二版〉	360 元
35	商店標準操作流程	360 元
36	商店導購口才專業培訓	360 元
37	速食店操作手冊〈增訂二版〉	360 元
38	網路商店創業手冊〈增訂二版〉	360 元
39	店長操作手冊（增訂四版）	360 元
40	商店診斷實務	360 元
41	店鋪商品管理手冊	360 元
42	店員操作手冊（增訂三版）	360 元
43	如何撰寫連鎖業營運手冊〈增訂二版〉	360 元
44	店長如何提升業績〈增訂二版〉	360 元
45	向肯德基學習連鎖經營〈增訂二版〉	360 元
46	連鎖店督導師手冊	360 元
47	賣場如何經營會員制俱樂部	360 元

《工廠叢書》

5	品質管理標準流程	380 元
9	ISO 9000 管理實戰案例	380 元
10	生產管理制度化	360 元
11	ISO 認證必備手冊	380 元
12	生產設備管理	380 元
13	品管員操作手冊	380 元
15	工廠設備維護手冊	380 元
16	品管圈活動指南	380 元
17	品管圈推動實務	380 元

20	如何推動提案制度	380 元
24	六西格瑪管理手冊	380 元
30	生產績效診斷與評估	380 元
32	如何藉助 IE 提升業績	380 元
35	目視管理案例大全	380 元
38	目視管理操作技巧(增訂二版)	380 元
40	商品管理流程控制(增訂二版)	380 元
42	物料管理控制實務	380 元
46	降低生產成本	380 元
47	物流配送績效管理	380 元
49	6S 管理必備手冊	380 元
50	品管部經理操作規範	380 元
51	透視流程改善技巧	380 元
55	企業標準化的創建與推動	380 元
56	精細化生產管理	380 元
57	品質管制手法〈增訂二版〉	380 元
58	如何改善生產績效〈增訂二版〉	380 元
60	工廠管理標準作業流程	380 元
62	採購管理工作細則	380 元
63	生產主管操作手冊(增訂四版)	380 元
64	生產現場管理實戰案例〈增訂二版〉	380 元
65	如何推動 5S 管理（增訂四版）	380 元
66	如何管理倉庫（增訂五版）	380 元
67	生產訂單管理步驟〈增訂二版〉	380 元
68	打造一流的生產作業廠區	380 元
70	如何控制不良品〈增訂二版〉	380 元

71	全面消除生產浪費	380 元
72	現場工程改善應用手冊	380 元
73	部門績效考核的量化管理（增訂四版）	380 元
74	採購管理實務〈增訂四版〉	380 元

《醫學保健叢書》

1	9 週加強免疫能力	320 元
3	如何克服失眠	320 元
4	美麗肌膚有妙方	320 元
5	減肥瘦身一定成功	360 元
6	輕鬆懷孕手冊	360 元
7	育兒保健手冊	360 元
8	輕鬆坐月子	360 元
11	排毒養生方法	360 元
12	淨化血液　強化血管	360 元
13	排除體內毒素	360 元
14	排除便秘困擾	360 元
15	維生素保健全書	360 元
16	腎臟病患者的治療與保健	360 元
17	肝病患者的治療與保健	360 元
18	糖尿病患者的治療與保健	360 元
19	高血壓患者的治療與保健	360 元
22	給老爸老媽的保健全書	360 元
23	如何降低高血壓	360 元
24	如何治療糖尿病	360 元
25	如何降低膽固醇	360 元
26	人體器官使用說明書	360 元
27	這樣喝水最健康	360 元

28	輕鬆排毒方法	360 元
29	中醫養生手冊	360 元
30	孕婦手冊	360 元
31	育兒手冊	360 元
32	幾千年的中醫養生方法	360 元
33	免疫力提升全書	360 元
34	糖尿病治療全書	360 元
35	活到 120 歲的飲食方法	360 元
36	7 天克服便秘	360 元
37	為長壽做準備	360 元
38	生男生女有技巧〈增訂二版〉	360 元
39	拒絕三高有方法	360 元

《培訓叢書》

4	領導人才培訓遊戲	360 元
8	提升領導力培訓遊戲	360 元
11	培訓師的現場培訓技巧	360 元
12	培訓師的演講技巧	360 元
14	解決問題能力的培訓技巧	360 元
15	戶外培訓活動實施技巧	360 元
16	提升團隊精神的培訓遊戲	360 元
17	針對部門主管的培訓遊戲	360 元
18	培訓師手冊	360 元
19	企業培訓遊戲大全（增訂二版）	360 元
20	銷售部門培訓遊戲	360 元
21	培訓部門經理操作手冊（增訂三版）	360 元
22	企業培訓活動的破冰遊戲	360 元
23	培訓部門流程規範化管理	360 元

《傳銷叢書》

4	傳銷致富	360 元
5	傳銷培訓課程	360 元
7	快速建立傳銷團隊	360 元
10	頂尖傳銷術	360 元
11	傳銷話術的奧妙	360 元
12	現在輪到你成功	350 元
13	鑽石傳銷商培訓手冊	350 元
14	傳銷皇帝的激勵技巧	360 元
15	傳銷皇帝的溝通技巧	360 元
17	傳銷領袖	360 元
18	傳銷成功技巧（增訂四版）	360 元
19	傳銷分享會運作範例	360 元

《幼兒培育叢書》

1	如何培育傑出子女	360 元
2	培育財富子女	360 元
3	如何激發孩子的學習潛能	360 元
4	鼓勵孩子	360 元
5	別溺愛孩子	360 元
6	孩子考第一名	360 元
7	父母要如何與孩子溝通	360 元
8	父母要如何培養孩子的好習慣	360 元
9	父母要如何激發孩子學習潛能	360 元
10	如何讓孩子變得堅強自信	360 元

《成功叢書》

1	猶太富翁經商智慧	360 元
2	致富鑽石法則	360 元
3	發現財富密碼	360 元

《企業傳記叢書》

1	零售巨人沃爾瑪	360 元
2	大型企業失敗啟示錄	360 元
3	企業併購始祖洛克菲勒	360 元
4	透視戴爾經營技巧	360 元
5	亞馬遜網路書店傳奇	360 元
6	動物智慧的企業競爭啟示	320 元
7	CEO 拯救企業	360 元
8	世界首富 宜家王國	360 元
9	航空巨人波音傳奇	360 元
10	傳媒併購大亨	360 元

《智慧叢書》

1	禪的智慧	360 元
2	生活禪	360 元
3	易經的智慧	360 元
4	禪的管理大智慧	360 元
5	改變命運的人生智慧	360 元
6	如何吸取中庸智慧	360 元
7	如何吸取老子智慧	360 元
8	如何吸取易經智慧	360 元
9	經濟大崩潰	360 元
10	有趣的生活經濟學	360 元
11	低調才是大智慧	360 元

《DIY 叢書》

1	居家節約竅門 DIY	360 元
2	愛護汽車 DIY	360 元
3	現代居家風水 DIY	360 元
4	居家收納整理 DIY	360 元
5	廚房竅門 DIY	360 元

6	家庭裝修 DIY	360 元
7	省油大作戰	360 元

《財務管理叢書》

1	如何編制部門年度預算	360 元
2	財務查帳技巧	360 元
3	財務經理手冊	360 元
4	財務診斷技巧	360 元
5	內部控制實務	360 元
6	財務管理制度化	360 元
8	財務部流程規範化管理	360 元
9	如何推動利潤中心制度	360 元

 為方便讀者選購，本公司將一部分上述圖書又加以專門分類如下：

《企業制度叢書》

1	行銷管理制度化	360 元
2	財務管理制度化	360 元
3	人事管理制度化	360 元
4	總務管理制度化	360 元
5	生產管理制度化	360 元
6	企劃管理制度化	360 元

《主管叢書》

1	部門主管手冊	360 元
2	總經理行動手冊	360 元
4	生產主管操作手冊	380 元
5	店長操作手冊（增訂版）	360 元
6	財務經理手冊	360 元
7	人事經理操作手冊	360 元
8	行銷總監工作指引	360 元
9	行銷總監實戰案例	360 元

《總經理叢書》

1	總經理如何經營公司(增訂二版)	360 元
2	總經理如何管理公司	360 元
3	總經理如何領導成功團隊	360 元
4	總經理如何熟悉財務控制	360 元
5	總經理如何靈活調動資金	360 元

《人事管理叢書》

1	人事管理制度化	360 元
2	人事經理操作手冊	360 元
3	員工招聘技巧	360 元
4	員工績效考核技巧	360 元
5	職位分析與工作設計	360 元
7	總務部門重點工作	360 元
8	如何識別人才	360 元
9	人力資源部流程規範化管理（增訂三版）	360 元
10	員工招聘操作手冊	360 元
11	如何處理員工離職問題	360 元

《理財叢書》

1	巴菲特股票投資忠告	360 元
2	受益一生的投資理財	360 元
3	終身理財計劃	360 元
4	如何投資黃金	360 元
5	巴菲特投資必贏技巧	360 元
6	投資基金賺錢方法	360 元
7	索羅斯的基金投資必贏忠告	360 元
8	巴菲特為何投資比亞迪	360 元

《網路行銷叢書》

1	網路商店創業手冊〈增訂二版〉	360 元
2	網路商店管理手冊	360 元
3	網路行銷技巧	360 元
4	商業網站成功密碼	360 元
5	電子郵件成功技巧	360 元
6	搜索引擎行銷	360 元

《企業計畫叢書》

1	企業經營計劃〈增訂二版〉	360 元
2	各部門年度計劃工作	360 元
3	各部門編制預算工作	360 元
4	經營分析	360 元
5	企業戰略執行手冊	360 元

《經濟叢書》

1	經濟大崩潰	360 元
2	石油戰爭揭秘(即將出版)	

建立企業圖書館

當市場競爭激烈時：

培訓員工，強化員工競爭力
是企業最佳對策

「人才」是企業最大的財富。如何提升人才，是企業永續經營、戰勝對手的核心競爭力。積極培訓公司內部員工，是經濟不景氣時期的最佳戰略，而最快速的具體作法，就是「**建立企業內部圖書館，鼓勵員工多閱讀、多進修專業書籍」**

建議您：請一次購足本公司所出版各種經營管理類圖書，作為貴公司內部員工培訓圖書。 使用率高的（例如「贏在細節管理」），準備 3 本；使用率低的（例如「工廠設備維護手冊」），只買 1 本。

最暢銷的《企業制度叢書》

	名稱	說明	特價
1	行銷管理制度化	書	360 元
2	財務管理制度化	書	360 元
3	人事管理制度化	書	360 元
4	總務管理制度化	書	360 元
5	生產管理制度化	書	360 元
6	企劃管理制度化	書	360 元

上述各書均有在書店陳列販賣，若書店賣完，而來不及由庫存書補充上架，請讀者直接向店員詢問、購買，最快速、方便！

請透過郵局劃撥購買：

郵局戶名：憲業企管顧問公司

郵局帳號：18410591

醫學保健叢書

上述各書均有在書店陳列販賣，若書店賣完，而來不及由庫存書補充上架，請讀者直接向店員詢問、購買，最快速、方便！

請透過郵局劃撥購買：

劃撥戶名：憲業企管顧問公司

劃撥帳號：18410591

最 暢 銷 的 商 店 叢 書

	名　稱	說　明	特　價
1	速食店操作手冊	書	360 元
4	餐飲業操作手冊	書	390 元
5	店員販賣技巧	書	360 元
6	開店創業手冊	書	360 元
8	如何開設網路商店	書	360 元
9	店長如何提升業績	書	360 元
10	賣場管理	書	360 元
11	連鎖業物流中心實務	書	360 元
12	餐飲業標準化手冊	書	360 元
13	服飾店經營技巧	書	360 元
14	如何架設連鎖總部	書	360 元
15	〈新版〉連鎖店操作手冊	書	360 元
16	〈新版〉店長操作手冊	書	360 元
17	〈新版〉店員操作手冊	書	360 元
18	店員推銷技巧	書	360 元
19	小本開店術	書	360 元
20	365 天賣場節慶促銷	書	360 元
21	連鎖業特許手冊	書	360 元
22	店長操作手冊（增訂版）	書	360 元
23	店員操作手冊（增訂版）	書	360 元
24	連鎖店操作手冊（增訂版）	書	360 元
25	如何撰寫連鎖業營運手冊	書	360 元
26	向肯德基學習連鎖經營	書	360 元
27	如何開創連鎖體系	書	360 元
28	店長操作手冊（增訂三版）	書	360 元

郵局劃撥戶名：憲業企管顧問公司

郵局劃撥帳號：18410591

經營顧問叢書 ㉘   售價：360 元

面試主考官工作實務

西元二〇一一年十二月   初版一刷

編著：王宗銘

策劃：麥可國際出版有限公司（新加坡）

編輯：蕭玲

校對：焦俊華

發行人：黃憲仁

發行所：憲業企管顧問有限公司

電話：（02）2762-2241　　（03）9310960　　0930872873

臺北聯絡處：臺北郵政信箱第 36 之 1100 號

銀行 ATM 轉帳：合作金庫銀行　　帳號：5034-717-347447

郵政劃撥：18410591　　憲業企管顧問有限公司

江祖平律師顧問：紙品書、數位書著作權與版權均歸本公司所有

登記證：行政業新聞局版台業字第 6380 號

本公司徵求海外版權出版代理商（0930872873）

本圖書是由憲業企管顧問（集團）公司所出版，以專業立場，為企業界提供最專業的各種經營管理類圖書。

圖書編號 ISBN：978-986-6084-33-1